中国野外观花系列 07

HANDBOOK OF WILD FLOWERS IN NORTHWEST CHINA

西北野外观花手册

李 敏 朱 强 编著

河南科学技术出版社
· 郑州 ·

图书在版编目（CIP）数据

西北野外观花手册 / 李敏，朱强编著 .—郑州：河南科学技术出版社，2015.2
（中国野外观花系列）
ISBN 978-7-5349-7206-5

Ⅰ．①西… Ⅱ．①李… ②朱… Ⅲ．①野生植物—花卉—西北地区—手册 Ⅳ．① Q949.408-62

中国版本图书馆 CIP 数据核字 (2014) 第 162111 号

生物中国 总策划：周本庆

出版发行：河南科学技术出版社
地址：郑州市经五路 66 号 邮编：450002
电话：（0371）65737028 65788613
网址：www.hnstp.cn
策 划：李 敏 责任编辑：杨秀芳
封面设计：张 伟 版式设计：宣 晶 赵明月
责任校对：柯 姣 责任印制：张 巍
印 刷：北京盛通印刷股份有限公司
经 销：全国新华书店
幅面尺寸：113mm × 181mm 印张：8 字数：215 千字
版 次：2015 年 2 月第 1 版 2015 年 2 月第 1 次印刷
定 价：39.80 元

序

我国地域辽阔，横跨寒温带、温带、亚热带和热带，囊括了全球除极地冻原以外的所有主要植被类型，有草原、荒漠、热带雨林、常绿阔叶林、落叶阔叶林、针叶林、高原高寒植被等，仅有花植物就有近 3 万种，是世界野生植物资源最为丰富的国家之一，被誉为“世界园林之母”。

中国植物图像库（www.plantphoto.cn）自 2008 年建站以来，得到各界学者、友人的大力支持，注册用户达 23 000 余人，共享各类植物彩色照片 200 万余幅，涵盖了中国野生植物一半以上的种类。我们从中精选出具有重要观赏价值的野生花卉 2 000 余种，照片 6 500 余幅，按照我国七大行政地理分区，分为华北、东北、华东、华中、华南、西南、西北七册出版。在物种选择上尽可能地包括本地区最具有观赏价值的野生花卉，同时为兼顾在科属水平上的代表性，同属植物仅收录其最常见到的物种。本册收录了西北地区具有重要观赏价值的野生花卉 58 科 199 属 317 种，其中 230 种为主要描述种，重点介绍了植物的分类、识别特征、花期和分布等信息，部分物种还选取了与其形态上相似的 1~2 个相近物种进行了简要描述。

为方便查找使用，本手册按照花色和花型为序编排。需要特别说明的是，植物花朵万紫千红，部分物种花色变异丰富多彩，我们将花瓣最主要的颜色分为白、黄、橙、红、紫、蓝、棕、绿等八种颜色予以索引，请使用时在相近的颜色中查阅。部分花型也仅是看起来像或者接近的花型，而非科学分类，部分可能显得比较牵强，请使用者注意辩证看待。本手册还配有常用术语图解、本地区野生花卉资源等专题性说明，文后还有中文名索引、拉丁名索引等。希望本书能成为您野外郊游识别植物的好参谋。

由于编者时间及精力有限，准备和推敲不够，错误、疏漏及欠缺之处，敬请广大读者批评指正。

中国科学院植物研究所
系统与进化植物学国家重点实验室 李 敏

宁夏林业研究所 朱 强

二〇一四年十二月

使用指南

分类名称

分别为拼音、中文名、俗名、拉丁学名*、科属。

* 拉丁学名以《Flora of China》为标准。

生境、花期**

** 花期受纬度、海拔和气温的影响较大。

形态特征

主要参考《中国植物志》网站（frps.eflora.cn）数据，有删减。

相近种概述

简要介绍与本种花形相近（花色可能不同）的1~2种花卉的特征，以及对应的图片编号。

检索顺序（快速索引页码参见护封握口）

第一步：判断花色

白　黄　橙　红　紫　蓝　棕　绿

第二步：判断花型

辐射对称花　头状花序　左右对称花　穗状花序　伞状花序

花色花型索引

花色和花型排序，底色为花色、图案为花型。

花型大致分为辐射对称花、头状花序、左右对称花、穗状花序、伞状花序五类。一般花小而多的，则按照花序排列。

dànuāsháolán
大花杓兰
Cypripedium macranthos Swartz
科属：兰科，杓兰属。
生境：林下、林缘或草坡。
花期：6~7月。

多年生草本。片通常5枚，长椭圆形至宽椭圆形，全缘，基部渐狭成
鞘状抱茎。花苞片下部者叶状，但明显小于下部叶片；花顶生，紫色，常
朵，偶有2朵者；中萼片宽卵形；合萼片比中萼片短与狭，先端二齿状
裂；花瓣卵状披针形；唇瓣卵球形，内折侧裂片舌状三角形；退化雄蕊矩
圆状卵形；花药扁球形。子房弧曲。①②③

相近种　紫点杓兰（*Cypripedium guttatum* Swartz）花单生茎顶，白色，带紫色斑点④。

175

目 录

术语图解

花的结构

花是被子植物的繁育器官，在其生活周期中占有极其重要的地位。花可以看作是一种不分枝，节间缩短，适应于生殖的变态短枝，花梗和花托是枝条的一部分，花萼、花冠、雌蕊和雄蕊是着生于花托上的变态叶。

同时具有花萼、花冠、雌蕊和雄蕊的花为完全花，缺少其中一部分的花为不完全花。一朵花中既有雌蕊又有雄蕊的花是两性花，只有雌蕊的单性花为雌花，只有雄蕊的单性花为雄花。部分植物无花冠称为单被花，其花萼特化为花瓣状，如铁线莲、郁金香等。生于花下方的叶称为苞片，有时也特化为花瓣状，如珙桐、四照花、叶子花等。

花型

十字形花冠　漏斗状花冠　钟状花冠　轮（辐）状花冠　蝶形花冠　唇形花冠　筒状花冠　舌状花冠

花序

总状花序　穗状花序　头状花序　伞形花序　伞房花序

叶的结构

叶型

单叶（全缘）　单叶（羽状分裂）　单叶（掌状分裂）　羽状复叶　掌状复叶

叶形

条形　披针形　卵形　椭圆形　圆形　心形　戟形

叶缘

全缘　锯齿　重锯齿　波状　钝齿状　半裂　掌状深裂　羽状深裂

叶序

叶互生　叶对生　叶轮生　叶簇生

西北观花指南

本手册所指的西北地区包括陕西、甘肃、青海三省及宁夏、新疆两个自治区，西接哈萨克斯坦、塔吉克斯坦、吉尔吉斯斯坦、阿富汗、巴基斯坦等中亚国家，在北面及东北则与俄罗斯、蒙古两国接壤，自东向南，分别于华北、华中及西南地区相连。

西北地区地貌以高原、盆地和山地为主，包括天山山脉、阿尔金山脉、祁连山脉、昆仑山脉、阿尔泰山脉、黄土高原、准噶尔盆地、塔里木盆地、吐鲁番盆地等多种地形区域。山脉大多东西走向，高原、山地与盆地相间分布，自然景观自东向西由典型草原向荒漠草原及荒漠过渡。水系以内陆河为主，多为季节性内陆河，河道、水量变化较大，其中，塔里木河为我国最大的内陆河。各条水系中仅额尔齐斯河向北流经俄罗斯西伯利亚地区，最终注入北冰洋。西北地区湖泊主要以构造湖为主，同时在一些高海拔地区也有高原冰川湖，湖泊面积大，但淡水储量少，多咸水湖，水体矿化度高，水量补给主要依赖高山融雪、融冰。主要的湖泊包括：青海湖、艾比湖、博斯腾湖、布伦托海、玛纳斯湖、赛里木湖、巴里坤湖、艾丁湖等，其中青海湖是我国最大的湖泊。

西北地区深居我国内陆，距海遥远，再加上地形对湿润气流的阻挡，仅东南部为温带季风气候，其他区域均为温带大陆性气候，冬季严寒而干燥，夏季高温，降水稀少，气温的日较差和年较差都很大，为典型的半干旱、干旱气候。其中吐鲁番盆地为夏季全国最热的地区，托克逊为全国降水最少的地区。西北地区土壤类型复杂多样，包括灰漠土、灰棕漠土、棕漠土等地带性土壤以及草甸土、盐土、风沙土、龟裂土等非地带性土壤。

西北地区荒漠植被基本上是由旱生的、叶退化的小乔木、灌木和半灌木构成的。它们以各种不同的生理、生态机制适应干旱荒漠严酷的生境条件，大部分植物的叶面缩小或退化，而以绿色的嫩枝代行光合作用。叶或嫩枝具有保护组织（角质层、蜡层、茸毛等）并肉质化，组织液中的高盐分以维持高渗透压，广布的根系，在极端干热期的休眠或落叶（枝）等，都是为了保护植物水分的收支平衡，适应干旱的环境而具有的特征。

西北地区全部高等植物约有 3 900 种，其中大部分只分布在山地上。西北地区由于地处中亚、西伯利亚、蒙古、我国西藏和华北的交汇处，为各个植物区系成分的接触、混合和迁徙创造了有利条件，植物区系中的地理成分复杂。旱生的灌木与小灌木荒漠是西北地区的地带性植被，此外还有盐化灌木荒漠、沙生灌木群落、草原化灌木荒漠、半灌木荒漠、多汁盐柴类半灌木荒漠、小乔木荒漠等多种独特的植被景观类型。西北地区的高大山系，如天山 、阿尔泰山等，山坡上分布着一系列随高度变化而有规律地分布的土壤—植被带。它们使干旱荒漠地区内出现了茂盛的森林灌丛 、绿色的草原、草甸和绚丽多彩的高山植被，极大地丰富了西北地区植被—土壤的多样性和植物组成的复杂性。山地土壤—植被的垂直带主要包括山地荒漠带，山地草原带，山地森林（天山以云杉为主、阿尔泰山以落叶松为主）或山地森林草原带，亚高山灌丛草原带，高山草甸与垫状植被带等。

西北地区推荐的野外观花地点包括：陕西省秦岭一线的太白山、华山、终南山以及黄土高原区的山岭沟壑；甘肃省主要有崆峒山、兴隆山、祁连山、莲花山、麦积山以及河西走廊和腾格里沙漠；青海省主要有昆仑山、唐古拉山、柴达木盆地以及可可西里自然保护区、三江源保护区；宁夏回族自治区主要有六盘山、贺兰山、罗山；新疆主要有阿尔泰山、阿尔金山和天山以及哈纳斯自然保护区、吐鲁番盆地等。

āěrtàiruìxiāng

阿尔泰瑞香

Daphne altaica Pall.

科属：瑞香科，瑞香属。
生境：河谷或山地的灌木丛中。
花期：5~6 月。

易危种。落叶直立灌木。聚伞状分枝，当年生枝紫褐色。叶互生，膜质，长圆状椭圆形或椭圆状披针形，先端钝圆形或急尖，具短的点状尖头，基部下延而渐狭，边缘全缘，几无叶柄。花白色，3~6 朵组成顶生的头状花序；花萼筒圆筒状，裂片 4 枚，窄卵形或宽椭圆形；雄蕊 8 枚，2 轮；几无花柱。浆果肉质，成熟时紫黑色。①②③

相近种　**芫花 *Daphne genkwa*** Siebold & Zucc. 花 3~7 朵簇生叶腋，淡紫红色或紫色，先叶开花④。

sìzhàohuā

四照花

Cornus kousa

subsp. ***chinensis*** (Osborn) Q. Y. Xiang

科属：山茱萸科，山茱萸属。

生境：林中。

花期：5~7月。

落叶小乔木。叶对生，纸质或厚纸质，卵形或卵状椭圆形，上面绿色，疏生白色细伏毛，背面粉绿色，被白色贴生短柔毛，脉腋具黄色的绢状毛。头状花序圆形，由40~50朵花聚集而成；总苞片4枚，白色，卵形或卵状披针形，花小，花萼管状，上部4裂，内侧有一圈褐色短柔毛；花盘垫状；子房下位，花柱圆柱形。果序圆形，成熟时红色。①②③④

cǎoyuánshítouhuā

草原石头花

北丝石竹，草原霞草

Gypsophila davurica Turcz. ex Fenzl

科属：石竹科，石头花属。

生境：草原、固定沙丘及石砾质干山坡。

花期：6~9月。

多年生草本。茎丛生，上部分枝。叶线状披针形，基部稍窄，无柄。聚伞花序稍疏散。具短梗；苞片披针形，尾状至渐尖，具缘毛；花萼钟形，5裂至1/3~1/2，萼齿卵状三角形，边缘白色，宽膜质，5脉绿色，达齿端；花瓣淡粉红色或近白色，倒卵状长圆形，先端微凹或平截，长为花萼2倍，雄蕊较花瓣短；花柱伸出。①②③

相近种　**长蕊石头花** ***Gypsophila oldhamiana*** Miq. 伞房状聚伞花序较密集，花瓣粉红色，倒卵状长圆形，长于花萼1倍④。

dōngfāngcǎoméi

东方草莓

Fragaria orientalis Losinsk.

科属：蔷薇科，草莓属。
生境：山坡草地或林下。
花期：5~7月。

多年生草本。叶为三出复叶；小叶质较薄，近无柄，倒卵形或菱状卵形，先端圆钝或急尖，顶生小叶基部楔形，侧生小叶基部偏斜，有缺刻状锯齿，沿脉较密；叶柄被开展柔毛。花序聚伞状，有2~5朵花，基部具一枚淡绿色或呈具柄小叶状的苞片。花两性，稀单性，径1~1.5厘米；萼片卵状披针形，先端尾尖，副萼片线状披针形，稀2裂；花瓣白色，近圆形；雄蕊18~22枚；雌蕊多数。聚合果半圆形，成熟后紫红色，宿萼开展或微反折。①②③④

dùlí

杜梨

Pyrus betulifolia Bunge

科属：蔷薇科，梨属。

生境：平原或山坡阳处。

花期：4月。

乔木。树冠开展，枝常具刺；二年生枝条紫褐色。叶片菱状卵形至长圆卵形，先端渐尖，基部宽楔形，边缘有粗锐锯齿；托叶膜质，线状披针形，早落。伞形总状花序，有花10~15朵；苞片膜质，线形，早落；花直径1.5~2厘米；萼片三角卵形，先端急尖，全缘；花瓣宽卵形，先端圆钝，基部具有短爪，白色；雄蕊20枚，花药紫色，长约花瓣之半；花柱2~3个。果实近圆形，褐色，有淡色斑点，萼片脱落，基部具带绒毛果梗。①②③④

dúlìhuā

独丽花

Moneses uniflora (L.) A. Gray

科属：杜鹃花科，独丽花属。

生境：山地满布苔藓的暗针叶林下。

花期：7~8 月。

常绿矮小草本状亚灌木。根茎细，线状，有分枝。叶对生或近轮生于茎基部；叶薄革质，圆卵形或近圆形，先端钝圆，基部近圆形或稍宽楔形，下延至叶柄，有锯齿，下面淡绿色。花葶有窄翅，有 1~2 枚鳞叶，花单生花葶顶端，半下垂。花萼 5 全裂；花瓣 5 枚，水平张开，花冠碟状，半下垂，白色，芳香；无花盘；雄蕊 10 枚，花药有较长的小角，顶端孔裂；花柱直立，柱头 5 裂。蒴果近圆形。①②③④

gānsùshānzhā

面旦子 甘肃山楂

Crataegus kansuensis E. H. Wilson

科属：蔷薇科，山楂属。

生境：杂木林中、山坡阴处及山沟旁。

花期：5月。

灌木或小乔木。枝刺多，小枝细。叶宽卵形，先端尖，基部平截或宽楔形，有尖锐重锯齿和 5~7 对不规则羽状浅裂片；叶柄细长，托叶膜质，卵状披针形，早落。伞房花序；苞片和小苞片膜质，披针形。花径 0.8~1 厘米；被丝托钟状，萼片三角状卵形，全缘；花瓣近圆形，白色；雄蕊 15~20 枚；花柱 2~3 个，柱头头状。果近圆形，红色或橘黄色，萼片宿存。①②③

相近种　**辽宁山楂** ***Crataegus sanguinea*** Pall. 伞房花序有多花；苞片线形，早落；花瓣长圆形④。

gāoshānlóngdǎn

高山龙胆 白花龙胆，苦龙胆

Gentiana algida Pall.

科属：龙胆科，龙胆属。

生境：草地、灌丛中、林下、高山冻原。

花期：7~9 月。

多年生草本。茎丛生。叶多基生，线状椭圆形或线状披针形，具长柄；茎生叶 1~3 对，窄椭圆形或椭圆状披针形。花 1~3 朵，顶生。花近无梗；花萼钟形或倒锥形，萼齿线状披针形或窄长圆形；花冠黄白色，具深蓝色斑点，筒状钟形或漏斗形，裂片三角形或卵状三角形，褶偏斜，平截。①②

相近种 **太白龙胆** ***Gentiana apiata*** N. E. Br. 花多数，顶生和腋生，聚成头状；花冠黄色③。**条纹龙胆** ***Gentiana striata*** Maxim. 花单生茎顶，花冠淡黄色，具黑色纵纹④。

luòtuopéng

臭古朵 骆驼蓬

Peganum harmala L.

科属：骆驼蓬科，骆驼蓬属。

生境：干旱草地、沙地、河谷沙丘。

花期：5~6月。

多年生草本。根多数，粗达 2 厘米。茎直立或开展，基部多分枝。叶互生，卵形，全裂为 3~5 枚条形或披针状条形裂片。花单生枝端，与叶对生；萼片 5 枚，裂片条形，有时仅顶端分裂；花瓣黄白色，倒卵状矩圆形；雄蕊 15 枚，花丝近基部宽展；子房 3 室，花柱 3 个。蒴果近圆形，种子三棱形，稍弯，黑褐色，表面被小瘤状突起。①②③

相近种　**多裂骆驼蓬** ***Peganum multisectum*** (Maxim.) Bobrov 萼片 3~5 深裂；花瓣淡黄白色，倒卵状长圆形④。

méihuācǎo

梅花草

Parnassia palustris L.

科属：虎耳草科，梅花草属。

生境：潮湿山坡、沟边或河谷阴湿地。

花期：7~9 月。

多年生草本。基生叶 3 枚至多数，卵形或长卵形，先端圆钝或渐尖，常带短尖头，基部近心形，全缘，薄而微外卷，常被紫色长圆形斑点；具长柄，托叶膜质。茎 2~4 条，近中部具 1 枚叶，茎生叶与基生叶同形；基部常有铁锈色附属物，无柄，半抱茎。花单生茎顶；萼片椭圆形或长圆形；花瓣白色，宽卵形或倒卵形，全缘，常有紫色斑点；雄蕊 5 枚，花丝扁平，长短不等；退化雄蕊 5 枚，具分枝；子房上位，花柱极短，柱头 4 裂。蒴果，4 瓣裂。①②③④

měnggǔxiùxiànjú

蒙古绣线菊

Spiraea mongolica Maxim.

科属：蔷薇科，绣线菊属。
生境：山坡灌丛中或山顶及山谷多石砾地。
花期：5~7 月。

灌木。小枝幼时无毛。冬芽被 2 枚棕褐色鳞片。叶长圆形或椭圆形，全缘，稀先端有少数锯齿，羽状脉；叶柄短。伞形总状花序具花序梗，有花 8~15 朵。萼片三角形；花瓣近圆形，先端钝，稀微凹，白色；雄蕊 18~25 枚，几与花瓣等长；花盘具 10 枚圆形裂片；花柱短于雄蕊。①②③

相近种　三裂绣线菊 ***Spiraea trilobata*** L. 花瓣宽倒卵形；雄蕊多数，短于花瓣④。

ruíhé

蕤核 单花扁核木，蕤李子

Prinsepia uniflora Batalin

科属：蔷薇科，扁核木属。

生境：山坡阳处或山脚下。

花期：4~5 月。

灌木。枝刺钻形，刺上无叶。叶互生或丛生，近无柄，长圆披针形或窄长圆形，先端圆钝或急尖，基部楔形或宽楔形，全缘，有时具不明显锯齿。花单生或 2~3 朵簇生叶丛内，花具短梗；花径 0.8~1 厘米；萼筒陀螺状，萼片先端圆钝，全缘；花瓣白色，有紫色脉纹，倒卵形，先端啮蚀状，有短爪；雄蕊 10 枚，花丝扁而短，着生花盘；心皮 1 枚，花柱侧生。核果圆形，熟后红褐色或黑褐色，萼片宿存，反折。①②③④

shānjīngzi

林荆子，山定子 **山荆子**

Malus baccata (L.) Borkh.

科属：蔷薇科，苹果属。
生境：山坡杂木林中及山谷阴处灌木丛中。
花期：4~6 月。

乔木。高达 14 米。幼枝细，无毛。叶椭圆形或卵形，先端渐尖，稀尾状渐尖，基部楔形或圆，边缘有细锐锯齿；具长柄，托叶膜质，披针形，早落。花 4~6 朵组成伞形花序，集生枝顶，径 5~7 厘米，具长花梗；苞片膜质，线状披针形，早落；花径 3~3.5 厘米；萼片披针形，先端渐尖，比被丝托短；花瓣白色，倒卵形，基部有短爪；雄蕊 15~20 枚；花柱 5 个或 4 个，基部有长柔毛。果近圆形，红色或黄色，萼片脱落，具长果柄。①②③④

shāyǐncǎo

砂引草

Tournefortia sibirica L.

科属：紫草科，紫丹属。

生境：海滨沙地、干旱荒漠及山坡道旁。

花期：5 月。

多年生草本。有细长的根状茎。茎单一或数条丛生，直立或斜升，通常分枝，与叶及萼片、花冠均密生糙伏毛或白色长柔毛。叶披针形、倒披针形或长圆形，先端渐尖或钝，基部楔形或圆，中脉明显，无柄或近无柄。花序顶生，直径 1.5~4 厘米；萼片披针形；花冠黄白色，钟状，裂片卵形或长圆形，外弯，花冠筒较裂片长；花药长圆形，先端具短尖，花丝极短，着生花筒中部；子房略现 4 裂，花柱细，柱头浅 2 裂，下部环状膨大。核果椭圆形或卵圆形。①②③④

shíshēngyíngzicǎo

连参，山女娄菜 **石生蝇子草**

Silene tatarinowii Regel

科属：石竹科，蝇子草属。
生境：多石质的山坡或岩石缝中。
花期：7~8 月。

多年生草本。根纺锤形或倒圆锥形，黄白色。茎分枝稀疏。叶卵状披针形或披针形，基部近圆，骤窄成短柄，基出脉 3 条。二歧聚伞花序多花，疏散。花梗细；花萼筒状，10 条纵脉绿色，有时紫色，萼齿三角状卵形；花瓣白色，爪倒披针形，内藏或微伸出花萼，瓣片 2 浅裂达 1/4，两侧中部各具 1 枚小裂片，副花冠椭圆形；雄蕊及花柱伸出。①②③

相近种 **大蔓樱草** ***Silene pendula*** L. 总状单歧聚伞花序，花瓣淡红色至白色，爪窄楔形，瓣片倒心形；副花冠长圆形④。

shuǐxúnzǐ

水栒子 多花栒子，香李

Cotoneaster multiflorus Bunge

科属：蔷薇科，栒子属。

生境：普遍生于沟谷、山坡杂木林中。

花期：5~6 月。

落叶灌木。枝条细瘦，小枝红褐色或棕褐色。叶片卵形或宽卵形，先端急尖或圆钝，基部宽楔形或圆形；叶柄短，托叶线形，脱落。花多数，成疏松的聚伞花序，具短梗；萼筒钟状，萼片三角形；花瓣平展，近圆形，先端圆钝或微缺，基部有短爪，白色。果实红色。①②

相近种 **西北栒子** ***Cotoneaster zabelii*** C. K. Schneid. 花 3~13 朵成下垂聚伞花序，花瓣浅红色③。**匍匐栒子** ***Cotoneaster adpressus*** Bois 花 1~2 朵，几无梗，萼片卵状三角形，花瓣直立，粉红色④。

tàibáiyínliánhuā

太白银莲花

Anemone taipaiensis W. T. Wang

科属：毛茛科，银莲花属。

生境：山地草坡或多石砾处。

花期：7 月。

多年生草本。植株高 14~48 厘米，具根状茎。基生叶 5~12 枚，有长柄；叶片宽卵形，基部近截形或近心形，三全裂，中全裂片宽菱形，三深裂，深裂片近邻接，倒梯形或倒卵形，浅裂，小裂片卵形，侧全裂片似中全裂片，但较小；具长柄。花葶直立；苞片 3 枚，无柄，宽菱形，三深裂，深裂片披针形，全缘或有 3 枚齿；伞辐 1~5 朵花；萼片 5 枚，白色，倒卵形，顶端圆形；花药长椭圆形；心皮 10~15 枚。瘦果扁平，圆卵形或宽卵形，宿存花柱向下弯曲。①②③④

tuótíbàn

驼蹄瓣

Zygophyllum fabago L.

科属：蒺藜科，霸王属。

生境：冲积平原、绿洲、湿润沙地和荒地。

花期：5~6月。

多年生草本。根粗壮。茎多分枝，枝条开展或铺散。托叶革质，卵形或椭圆形，绿色，茎中部以下托叶合生，上部托叶披针形，分离；小叶1对，倒卵形、矩圆状倒卵形，质厚，先端圆形。花腋生；花瓣倒卵形，与萼片近等长，先端近白色，下部橘红色；雄蕊长于花瓣，鳞片矩圆形，长为雄蕊之半。蒴果矩圆形或圆柱形，具5条棱，下垂。种子多数，表面有斑点。①②③④

wénguānguǒ

文冠果

Xanthoceras sorbifolium Bunge

科属：无患子科，文冠果属。
生境：丘陵山坡等处，各地也常栽培。
花期：春季。

落叶灌木或小乔木。小枝粗壮。小叶 4~8 对，膜质或纸质，披针形或近卵形，两侧稍不对称，边缘有锐利锯齿。花序先叶抽出或与叶同时抽出，两性花的花序顶生，雄花序腋生，长 12~20 厘米，直立，总花梗短，基部常有残存芽鳞；花瓣白色，基部紫红色或黄色，有清晰的脉纹，爪之两侧有须毛；花盘的角状附属体橙黄色。蒴果长达 6 厘米；种子黑色而有光泽。①②③④

xuělíngzhī

雪灵芝 短瓣雪灵芝

Arenaria brevipetala Y. W. Tsui & L. H. Zhou

科属：石竹科，无心菜属。

生境：高山草甸和碎石带。

花期：6~8 月。

易危种。多年生垫状草本。主根粗壮，木质化。茎下部密集枯叶，叶片针状线形，顶端渐尖，呈锋芒状，边缘狭膜质，内卷，基部较宽，膜质，抱茎；茎基部的叶较密集，上部 2~3 对。花 1~2 朵，生于枝端，花枝显著超出不育枝；花梗顶端弯垂；萼片 5 枚，卵状披针形，顶端尖，基部较宽，边缘具白色，膜质，3 条脉，中脉凸起，侧脉不甚明显；花瓣 5 枚，卵形，白色；花盘杯状，具 5 个腺体；雄蕊 10 枚；子房圆形，花柱 3 个。①②③④

yěxīguāmiáo

灯笼花，香铃草 **野西瓜苗**

Hibiscus trionum L.

科属：锦葵科，木槿属。

生境：平原、山野、丘陵、田埂。

花期：7~10月。

一年生草本。常平卧，稀直立。茎柔软。茎下部叶圆形，不裂或稍浅裂，上部叶掌状3~5深裂，中裂片较长，两侧裂片较短，裂片倒卵形或长圆形，常羽状全裂；具长柄，托叶线形。花单生叶腋；小苞片12枚，线形，基部合生；花萼钟形，淡绿色，裂片5枚，膜质，三角形，具紫色纵条纹，中部以下合生；花冠淡黄色，内面基部紫色，径2~3厘米，花瓣5枚，倒卵形；雄蕊柱长约5毫米，花丝纤细，花药黄色；花柱分枝5条。蒴果长圆状圆形，具长柄。①②③④

yínlùméi

银露梅 白花棍儿茶

Potentilla glabra Lodd.

科属：蔷薇科，委陵菜属。

生境：草地、河谷石缝、灌丛及林中。

花期：6~11 月。

灌木。小枝灰褐色或紫褐色。羽状复叶，有 3~5 枚小叶，上面 1 对小叶基部下延与轴合生，叶柄被疏柔毛；小叶椭圆形、倒卵状椭圆形或卵状椭圆形，先端圆钝或急尖，基部楔形或近圆形，边缘全缘，平坦或微反卷。花单生或数朵顶生。花梗细长；花径 1.5~3.5 厘米；萼片卵形，先端急尖或短渐尖，副萼片披针形、倒卵状披针形或卵形，比萼片短或近等长；花瓣白色，倒卵形；花柱近基生，棒状，基部较细。①②③④

zǐbānfēnglíngcǎo

紫斑风铃草

Campanula punctata Lam.

科属：桔梗科，风铃草属。
生境：山地林中、灌丛及草地中。
花期：6~9 月。

多年生草本。具细长而横走的根状茎。茎直立，粗壮，通常在上部分枝。基生叶具长柄，心状卵形；茎生叶下部具带翅的长柄，上部的无柄，三角状卵形至披针形，边缘具不整齐钝齿。花顶生于主茎及分枝顶端，下垂；花萼裂片长三角形；花冠白色，带紫斑，前端 5 裂，筒状钟形；雄蕊 5 枚；子房下位，柱头 3 裂。①②③

相近种　**聚花风铃草** ***Campanula glomerata*** L. 花数朵集成头状花序，生于茎中上部叶腋间。花萼裂片钻形；花冠紫色、蓝紫色或蓝色④。

zǐcǎo

紫草

Lithospermum erythrorhizon

Siebold & Zucc.

科属：紫草科，紫草属。

生境：山坡草地。

花期：6~9 月。

多年生草本。根富含紫色素。茎常 1~2 条，直立，被短糙伏毛，上部分枝。叶卵状披针形或宽披针形，先端渐尖，基部渐窄，无柄。花序生于茎枝上部。花萼裂片线形；花冠白色，冠檐与冠筒近等长，裂片宽卵形，开展，全缘或微波状，喉部附属物半圆形，无毛；雄蕊生于花冠筒中部，花丝长度不到花药一半；花柱长于雄蕊。小坚果卵圆形，乳白色，或带淡黄褐色，平滑，有光泽，腹面具纵沟。①②③④

dàdīngcǎo

大丁草

Leibnitzia anandria (L.) Turcz.

科属：菊科，大丁草属。
生境：丛林、荒坡、沟边或岩石上。
花期：3~7 月。

多年生草本。植株具春秋二型之别。春型者根状茎短，叶基生，莲座状，于花期全部发育，叶片形状多变异，通常为倒披针形或倒卵状长圆形；花葶单生或数个丛生。头状花序单生于花葶之顶，总苞片约 3 层；雌花花冠舌状。两性花花冠管状二唇形，顶端具 3 枚齿，瘦果纺锤形。秋型者植株较高，花葶长可达 30 厘米，叶片大，头状花序外层雌花管状二唇形，无舌片。①②③④

rìběnxùduàn

日本续断

Dipsacus japonicus Miq.

科属：川续断科，川续断属。

生境：山坡、路旁和草坡。

花期：8~9 月。

多年生草本。茎具 4~6 条棱，棱具钩刺。基生叶具长柄，长椭圆形，分裂或不裂；茎生叶对生，椭圆状卵形或长椭圆形，先端渐尖，基部楔形，常 3~5 裂，顶裂片最大，裂片基部下延成窄翅，具粗齿或近全缘，有时全为单叶对生。头状花序圆球形，径 1.5~3.2 厘米；总苞片线形。苞片倒卵形，先端具喙；花萼盘状，4 裂；花冠常紫红色，漏斗状，冠筒 4 裂；小总苞具 4 条棱，顶端具 8 枚齿。①②③④

zhūguāngxiāngqīng

山荻 # 珠光香青

Anaphalis margaritacea

(L.) Benth. & Hook. f.

科属：菊科，香青属。

生境：草地、石砾地或山沟。

花期：8~11 月。

根状茎横走或斜升，木质。茎直立或斜升，常粗壮，不分枝，下部木质。下部叶在花期常枯萎，顶端钝；中部叶开展，线形或线状披针形，基部狭，多少抱茎，不下延，边缘平，顶端渐尖，有小尖头；上部叶渐小。头状花序多数，在茎和枝端排列成复伞房状。总苞宽钟状或半球状，总苞片 5~7 层。花托蜂窝状。雌株头状花序外围有多层雌花；雄株头状花序全部为雄花或外围有极少数雌花。冠毛较花冠稍长，在雌花细丝状；在雄花上部较粗厚，有细锯齿。①②③④

báicìhuā

白刺花 白刻针，马蹄针

Sophora davidii (Franch.) Skeels

科属：豆科，槐属。

生境：河谷沙丘和山坡路边的灌木丛中。

花期：3~8 月。

灌木或小乔木。芽外露。枝直立开展，棕色，不育枝末端变成刺状。叶具 11~21 枚小叶，叶柄基部不膨大；托叶部分变成刺状部分脱落；小叶椭圆状卵形或倒卵状长圆形，先端圆或微凹，具芒尖。总状花序顶生，有花 6~12 朵。花萼钟状，蓝紫色，萼齿 5 枚，不等大；花冠白色或淡黄色，有时旗瓣稍带红紫色，旗瓣倒卵状长圆形，翼瓣与旗瓣等长，龙骨瓣比翼瓣稍短，基部有钝耳，雄蕊 10 枚，等长，花丝基部连合不及 1/3。荚果串珠状。①②③④

rǔbáihuángqí

白花黄耆 # 乳白黄耆

Astragalus galactites Pall.

科属：豆科，黄耆属。
生境：草原沙质土上及向阳山坡。
花期：5~6 月。

多年生草本。根粗壮，茎极短缩。羽状复叶有 9~37 枚小叶，小叶长圆形或狭长圆形，基部圆形或楔形。通常 2 朵花簇生于基部叶腋；花萼管状钟形，萼齿线状披针形；花冠乳白色或稍带黄色，旗瓣狭长圆形，先端微凹，中部稍缢缩，下部渐狭成瓣柄，翼瓣较旗瓣稍短，瓣片先端有时 2 浅裂，瓣柄长为瓣片的 2 倍，龙骨瓣瓣片长约为瓣柄的一半。①②③

相近种　**单叶黄耆** ***Astragalus efoliolatus*** Hand.-Mazz. 总状花序生 2~5 朵花；花冠淡紫色或粉红色④。

xiǎomǐcǎo

小米草

Euphrasia pectinata Ten.

科属：玄参科，小米草属。

生境：阴坡草地及灌丛中。

花期：6~9 月。

一年生草本。茎直立，不分枝或下部分枝。叶与苞片无柄，卵形或宽卵形，基部楔形，每边有数枚稍钝而具急尖的锯齿。花序长 3~15 厘[illegible]初花期短而花密集，果[illegible]苞片窄三角形；花冠[illegible]紫色，外面被柔毛，背面较密，其余部分较疏，下唇比上唇[illegible]毫米，下唇裂片先端凹缺；花药棕色。蒴果窄长圆状。种子白[illegible]①②③④ chóulǐ

臭耳子，臭李子 **稠李**

Padus avium Mill.

科属：蔷薇科，稠李属。
生境：山坡、山谷或灌丛中。
花期：4~6 月。

1

2

3

4

落叶乔木。树皮粗糙而多斑纹。叶片椭圆形、长圆形或长圆倒卵形，边缘有不规则锐锯齿，有时混有重锯齿，上面深绿色，下面淡绿色；叶柄两侧各具 1 个腺体。总状花序具有多花，长 7~10 厘米；花直径 1~1.6 厘米；花瓣白色，长圆形，先端波状，基部楔形，有短爪，雄蕊多数，花丝长短不等，排成紧密不规则 2 轮。核果卵圆形，顶端有尖头，红褐色至黑色，光滑，萼片脱落，核有皱褶。①②③④

lángwěihuā

狼尾花 虎尾草，重穗排草

Lysimachia barystachys Bunge

科属：报春花科，珍珠菜属。

生境：草甸、山坡或路旁灌丛间。

花期：5~8 月。

形、倒披针形或线形，基部楔形。总状花序顶生，果时长达 30 厘米；花密集，常转向一侧。苞片线状钻形，稍长于花梗；花梗长 4~6 毫米；花萼裂片长圆形，先端圆；花冠白色，长 0.7~1 厘米，筒部长约 2 毫米，裂片舌状长圆形，常有暗紫色短腺条；雄蕊内藏，花丝长约 4.5 毫米，下部约 1.5 毫米，贴生花冠基部，花药椭圆形，背着，纵裂。蒴果。①②③④

ròucōngróng

苁蓉，大芸 肉苁蓉

***Cistanche deserticola* Ma**

科属：列当科，肉苁蓉属。

生境：梭梭荒漠的沙丘。

花期：5~6 月。

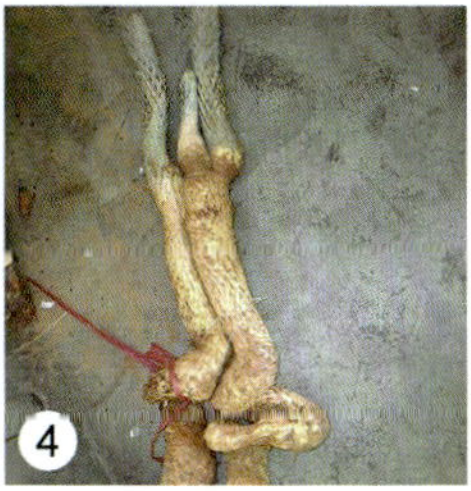

濒危种。多年生草本。茎下部叶紧密，宽卵形或三角状卵形；上部叶较稀疏，披针形或窄披针形。穗状花序；苞片条状披针形或披针形，常长于花冠；小苞片卵状披针形或披针形，与花萼近等长。花萼钟状，5 浅裂；花冠筒状钟形，裂片 5 枚，近半圆形；花冠淡黄色，裂片淡黄色、淡紫色或边缘淡紫色；花丝基部被皱曲长柔毛，花药基部具骤尖头；子房基部有蜜腺，花柱顶端内折。蒴果卵圆形，顶端具宿存花柱。①②③④

báibāojīngǔcǎo

白苞筋骨草 甜格缩缩草

Ajuga lupulina Maxim.

科属：唇形科，筋骨草属。

生境：河滩沙地、高山草地或陡坡石缝中。

花期：7~9月。

多年生草本。叶披针形或菱状卵形，先端钝，基部楔形下延，疏生波状圆齿或近全缘，具缘毛；叶柄具窄翅，基部抱茎。轮伞花序组成穗状花序；苞叶白黄色、白色或绿紫色，卵形或宽卵形，先端渐尖，基部圆，抱轴，全缘。花萼钟形或近漏斗形，萼齿窄三角形，具缘毛；花冠白色、白绿色或白黄色，具紫色斑纹，窄漏斗形，冠筒基部前方稍膨大，内面具毛环，上唇2裂，下唇中裂片窄扇形，先端微缺，侧裂片长圆形。①②③④

dùnyèdāncèhuā

钝叶单侧花

Orthilia obtusata (Turcz.) H. Hara

科属：杜鹃花科，单侧花属。
生境：山地针叶林中。
花期：7月。

草本。植株高4~15厘米。叶近轮生于地上茎下部，薄革质，宽卵形，有圆齿；具长柄。总状花序有4~8朵花，偏向一侧；花水平倾斜，或下部花半下垂。花冠卵圆形或近钟形，淡绿白色；花梗较短，密生小疣，腋间有膜质苞片，短小，宽披针形或卵状披针形；萼片卵圆形或宽三角状圆形，有齿；花瓣长圆形，基部有2个小突起，有小齿；雄蕊10枚，花药有小疣，黄色；花柱直立，伸出花冠，柱头5浅裂。蒴果近扁圆形。①②③④

lùtícǎo

鹿蹄草 鹿含草，罗汉茶

Pyrola calliantha Andres

科属：杜鹃花科，鹿蹄草属。

生境：山地林下。

花期：6~8月。

①

②

③

④

常绿草本状小亚灌木。叶 4~7 枚，基生，革质，椭圆形或圆卵形，近全缘，下面常有白霜，有时带紫色；具长柄。总状花序有 9~13 朵花，密生，花倾斜，稍下垂。花冠径 1.5~2 厘米，白色，有时稍带淡红色；花梗腋间有长舌形苞片；萼片舌形，近全缘；花瓣椭圆形或倒卵形；雄蕊 10 枚；花柱顶端增粗。①②③

相近种 **红花鹿蹄草** ***Pyrola asarifolia*** subsp. ***incarnata*** (DC.) Haber & Hir. Takah. 总状花序有 7~15 朵花。花冠碗形，紫红色④。

qiáomài

甜荞 **荞麦**

Fagopyrum esculentum Moench

科属：蓼科，荞麦属。
生境：荒地、路边。
花期：5~9 月。

一年生草本。茎直立，上部分枝，绿色或红色，具纵棱。叶三角形或卵状三角形，先端渐尖，基部心形，两面沿叶脉具乳头状突起，膜质托叶鞘偏斜，短筒状。花序总状或伞房状，顶生或腋生，花被 5 深裂，椭圆形，红色或白色；雄蕊 8 枚，较花被短，花柱 3 个。瘦果卵形，具 3 条锐棱，突出于宿存花被之外。①②③④

báihuāzhīzihuā

白花枝子花 马尔赞居西，祖帕尔

Dracocephalum heterophyllum Benth.

科属：唇形科，青兰属。

生境：山地草原多石干燥地区。

花期：6~8 月。

茎高达 15~30 厘米。叶宽卵形或长卵形，先端钝圆，基部心形，具锯齿，上部叶锯齿常具刺；具长柄，茎上部叶柄短。轮伞花序具花 4~8 朵，生于茎上部；苞片倒卵状匙形或倒披针形，具 3~8 对长刺细齿。花萼淡绿色，上唇 3 浅裂，萼齿三角状卵形，具刺尖，下唇 2 深裂，萼齿披针形，先端具刺；花冠白色。①②③

相近种　大花毛建草 ***Dracocephalum grandiflorum*** L. 轮伞花序密集茎顶成头状。花萼上部带紫色，花冠蓝色④。

冬青叶兔唇花

Lagochilus ilicifolius Bunge ex Benth.

科属：唇形科，兔唇花属。

生境：沙地及缓坡半荒漠灌丛中。

花期：7~9 月。

多年生草本。茎分枝，铺散，基部木质化，被白色细糙硬毛。叶楔状菱形，先端具 3~5 裂齿，齿端短芒状刺尖，基部楔形；叶无柄。轮伞花序具 2~4 朵花；小苞片细针状。花萼管状钟形，白绿色，萼齿长约 5 毫米，长圆状披针形，具短刺尖，后齿长约 7 毫米；花冠淡黄色，具紫褐色脉网，上唇略长于下唇，下唇 3 深裂，中裂片倒心形，先端具 2 小裂片，侧裂片卵形，先端具 2 枚齿；后对雄蕊稍短于前对。①②③④

bànruìtángsōngcǎo

瓣蕊唐松草 马尾黄连

Thalictrum petaloideum L.

科属：毛茛科，唐松草属。
生境：山坡草地。
花期：6~7 月。

植株无毛。茎高达 80 厘米。基生叶数片，三至四回三出或羽状复叶；小叶草质，倒卵形、宽倒卵形、窄椭圆形、菱形或近圆形，3 裂或不裂，全缘，脉平；叶柄长达 10 厘米。花序伞房状，具多花或少花。萼片 4 枚，白色，早落，卵形；雄蕊多数，花丝上部倒披针形，下部丝状；心皮 4~13 枚，无柄，花柱明显，果时宿存，腹面具柱头。瘦果窄椭圆形，稍扁。①②③④

gāoshānshī

锯齿草，羽衣草 高山蓍

Achillea alpina L.

科属：菊科，蓍属。

生境：山坡草地、灌丛间、林缘。

花期：7~9月。

多年生草本。茎被伏柔毛。叶无柄，线状披针形，篦齿羽状浅裂至深裂，基部裂片抱茎，裂片线形或线状披针形，尖锐，有锯齿或浅裂，齿端和裂片有软骨质尖头。头状花序集成伞房状；总苞宽长圆形或近圆形，径5~7毫米，总苞片3层，宽披针形或长椭圆形，中间绿色，边缘较宽，膜质，褐色，疏生长柔毛。边缘舌状花长4~4.5毫米，舌片白色，宽椭圆形，先端3浅齿，管部翅状扁，无腺点；管状花白色，冠檐5裂。①②③④

sōngpānléngziqín

松潘棱子芹 黄羌，异伞棱子芹

Pleurospermum franchetianum Hemsl.

科属：伞形科，棱子芹属。
生境：高山坡或山梁草地上。
花期：7~8 月。

二年生或多年生草本。高达 70 厘米。茎直立，中空。叶柄长 3~12 厘米，叶鞘膜质；叶卵形，近三出三回羽状分裂；小裂片披针状长圆形，有不整齐缺刻。顶生复伞形花序有短梗，侧生花序梗较长，常为不孕花，总苞片 8~12 枚，窄长圆形，先端 3~5 裂，边缘膜质；伞辐多数，小总苞片 8~10 枚，匙形，全缘或先端 3 浅裂，边缘白色膜质；伞形花序有多花。花瓣白色，倒卵形。果椭圆形，有水泡状突起，主棱波状，侧棱翅状。①②③④

duǎnbǐngyězhīma

短柄野芝麻

Lamium album L.

科属：唇形科，野芝麻属。
生境：林缘湿润地及谷底半阴坡草丛。
花期：7~9 月。

多年生草本。茎上部叶卵形或卵状披针形，先端尖或长尾尖，具牙齿状锯齿，上面疏被短硬毛；具长柄。轮伞花序具 8~9 朵花；苞叶近无柄，苞片线形，长 1.5~2 毫米。花萼钟形，基部有时紫红色，疏被刚毛及糙硬毛，萼齿披针形，具芒尖及缘毛；花冠淡黄色或灰白色，冠筒基部径 2~2.5 毫米，内面无毛环，喉部宽，上唇倒卵形，中裂片倒肾形，侧裂片圆形；花药黑紫色。①②③④

nóngchuāngcǎo

脓疮草 白龙串彩，野芝麻

Panzerina lanata

var. ***alaschanica*** (Kuprian.) H. W. Li

科属：唇形科，脓疮草属。

生境：沙地上。

花期：7~9 月。

多年生草本。具粗大的木质主根。基部近于木质，多分枝，茎、枝四棱形，密被白色短绒毛。叶轮廓为宽卵圆形，茎生叶掌状 5 裂，裂片常达基部，叶片上面由于密被贴生短毛而呈灰白色，下面被有白色紧密的绒毛。轮伞花序多花，多数密集排列成顶生长穗状花序；小苞片钻形，先端刺尖，被绒毛。花冠淡黄色或白色，冠檐二唇形，上唇直伸，盔状，下唇直伸，浅 3 裂。小坚果卵圆状三棱形，具疣点，顶端圆，长约 3 毫米。①②③④

xiàzhìcǎo

白花益母，夏枯草 **夏至草**

Lagopsis supina

(Steph. ex Willd.) Ikonn.-Gal. ex Knorring

科属：唇形科，夏至草属。

生境：旷地。

花期：3~4 月。

多年生草本。茎带淡紫色，密被微柔毛。叶圆形，先端圆，基部心形，3 浅裂或深裂，裂片具圆齿或长圆状牙齿，基生裂片较大；基生叶柄较长，茎上部叶柄较短。轮伞花序疏花，径约 1 厘米，小苞片弯刺状。花萼密被微柔毛，萼齿三角形；花冠白色，稀粉红色，稍伸出，长约 7 毫米，被绵状长柔毛，冠筒上唇长圆形，全缘，下唇中裂片扁圆形，侧裂片椭圆形。小坚果褐色，被鳞片。①②③④

guànmùtiěxiànlián

灌木铁线莲

Clematis fruticosa Turcz.

科属：毛茛科，铁线莲属。
生境：山坡灌丛中或路旁。
花期：7~8 月。

直立小灌木。茎高达 1 米；枝被柔毛。单叶，薄革质，窄披针形或披针形，先端尖，基部宽楔形或近平截，具小牙齿，羽状浅裂或深；叶柄长 0.3~1.2 厘米。花序顶生并腋生，1~3 朵花；苞片叶状。花梗长 0.4~1.3 厘米；萼片 4 枚，黄色，斜展，椭圆状卵形，边缘被绒毛；雄蕊无毛，花药窄长圆形，顶端钝。瘦果卵圆形，被柔毛；花柱宿存，羽毛状。①②③④

hǎiyīngsù

海罂粟

Glaucium fimbrilligerum Boiss.

科属：罂粟科，海罂粟属。
生境：沙漠、干燥山坡、多石河滩。
花期：6~10 月。

一年生草本。茎直立，不分枝。基生叶轮廓狭倒披针形，大头羽状深裂，下部裂片三角形，上部裂片卵形，具不规则的粗齿，顶生裂片近四方形，上端具粗齿；叶柄扁平；茎生叶宽长圆形，长 1~3 厘米，羽状分裂，裂片渐尖，基部心形、抱茎。花单个顶生，具长而粗壮的花梗；苞片宽卵形，具粗齿。花芽纺锤形，外面光滑；花瓣长约 2 厘米，橙黄色，具斑点。蒴果线状圆柱形，果梗极长。①②③④

shāzǎo

沙枣 桂香柳，七里香，银柳

Elaeagnus angustifolia L.

科属：胡颓子科，胡颓子属。

生境：山地、平原、沙滩、荒漠均能生长。

花期：5~6 月。

落叶乔木或小乔木。无刺或具棕红色发亮的刺；幼枝密被银白色鳞片，老枝红棕色，光亮。叶薄纸质，矩圆状披针形至线状披针形，顶端钝尖或钝形，基部楔形，全缘；叶柄纤细，银白色。花银白色，直立或近直立，密被银白色鳞片，芳香；萼筒钟形，在子房上骤收缩，裂片宽卵形或卵状矩圆形，顶端钝渐尖；雄蕊几无花丝，花药淡黄色，矩圆形；花柱直立，上端甚弯曲；花盘明显，圆锥形，包围花柱的基部。果实椭圆形，粉红色，密被银白色鳞片。①②③④

bànrìhuā

半日花

Helianthemum songaricum Schrenk

科属：半日花科，半日花属。

生境：草原化荒漠区的石质和砾质山坡。

花期：5~7 月。

濒危种。矮小灌木。多分枝，稍呈垫状。小枝对生或近对生，幼时被紧贴白色短柔毛，后渐光滑，先端成刺状。叶对生，革质，披针形或窄卵形，全缘，边缘常反卷；托叶钻形或线状披针形，长于叶柄。花单生枝顶，径 1~1.2 厘米；花梗长 0.6~1 厘米；萼片不等大，外面 2 枚线形，内面 3 枚卵形，背部有 3 条纵肋；花瓣黄色或淡橘黄色，倒卵形；雄蕊长约为花瓣的 1/2，花药黄色。蒴果卵圆形。①②③④

běiyúnxiāng

北芸香

Haplophyllum dauricum (L.) G. Don

科属：芸香科，拟芸香属。

生境：低海拔干旱山坡、草原或石缝中。

花期：6~7 月。

多年生草本。全株有香气。叶厚纸质，线状披针形或窄长圆形，先端尖，灰绿色，油腺点甚多，中脉不明显，几无叶柄。伞房状聚伞花序顶生，多花。苞片线形；萼片长约 1 毫米；花瓣黄色，长圆形，边缘膜质，散生半透明油腺点；雄蕊 10 枚，花药长椭圆形；子房 2~4 室。果自顶部开裂，在果柄处分离而脱落，每果瓣 2 个种子。①②③

相近种　**针枝芸香** ***Haplophyllum tragacanthoides*** Diels 花单生枝顶。萼片卵形；花瓣 5 枚，黄色，长圆形④。

chìbáo

赤瓟

Thladiantha dubia Bunge

科属：葫芦科，赤瓟属。
生境：山坡、河谷及林缘湿处。
花期：6~8 月。

攀缘草质藤本。全株被黄白色长柔毛状硬毛。茎稍粗；叶宽卵状心形，最基部 1 对叶脉沿叶基弯缺边缘外展；卷须单一。雄花单生或聚生短枝上端成假总状花序，有时 2~3 朵花生于花序梗上；花萼裂片披针形，外折；花冠黄色，裂片长圆形，上部外折。雌花单生；花梗较雄花短；子房密被淡黄色长柔毛。果具 10 条纵纹。种子卵形，黑色。①②③④

jílí

蒺藜 白蒺藜

Tribulus terrestris L.

科属：蒺藜科，蒺藜属。
生境：沙地、荒地、山坡、居民点附近。
花期：5~8 月。

一年生草本。茎平卧，深绿色或淡褐色。复叶长 1.5~5 厘米；小叶对生，3~8 对，长圆形或斜长圆形，基部近圆稍偏斜，被柔毛，全缘。花腋生。花梗短于叶；萼片宿存；花瓣 5 枚；雄蕊 10 枚，生于花盘基部，花丝基部具鳞片状腺体；子房 5 棱，柱头 5 裂，每子室 3~5 粒胚珠。分果爿 5 个，被小瘤，中部边缘具 2 枚锐刺，下部具 2 枚锐刺。①②③④

juémá

鹅绒委陵菜，延寿草 **蕨麻**

***Potentilla anserina* L.**

科属：蔷薇科，委陵菜属。

生境：河岸、路边、山坡草地及草甸。

花期：4~9月。

多年生草本。茎匍匐，节处生根，常着地长出新植株。基生叶为间断羽状复叶，小叶椭圆形、卵状披针形或长椭圆形。单花腋生，具花梗；萼片三角状卵形，先端急尖或渐尖，副萼片椭圆形或椭圆状披针形，常2~3裂，与萼片近等长或稍短；花瓣黄色，倒卵形；花柱侧生，小枝状，柱头稍扩大。①②

相近种　**莓叶委陵菜** ***Potentilla fragarioides* L.** 花梗纤细，花瓣先端圆钝或微凹③。**二裂委陵菜** ***Potentilla bifurca* L.** 近伞形状聚伞花序，顶生④。

lǘtícǎo

驴蹄草 马蹄草，马蹄叶

Caltha palustris L.

科属：毛茛科，驴蹄草属。

生境：山地较阴湿处。

花期：5~9 月。

多年生草本。根发达。茎直立或上升，单一或上部分枝，平滑无毛。基生叶丛生，具长柄，基部展宽成干膜质鞘；叶质稍厚，肾形，基部心形，先端钝圆，边缘近全缘或仅在基部具明显牙齿。茎生叶少数，与基生叶同形；较小，柄短，叶柄基部有干膜质叶鞘。花生于茎顶或各分枝的顶端；萼片 5~6 枚，黄色，倒卵状椭圆形，先端钝圆，基部渐狭，脉明显，鲜黄色，外面色较暗，微带褐色；心皮 4~13 枚，圆柱形，镰刀状弯曲，果喙明显，外弯。①②③④

qǐngmá

车轮草，磨盘草 **苘麻**

Abutilon theophrasti Medik.

科属：锦葵科，苘麻属。
生境：路旁、荒地和田野间。
花期：6~10月。

一年生亚灌木状直立草本。茎枝被柔毛。叶互生，圆心形，先端长渐尖，基部心形，具细圆锯齿；叶柄被星状柔毛；托叶披针形，早落。花单生叶腋。花梗近顶端具节；花萼杯状，密被绒毛，裂片5枚，卵状披针形；花冠黄色，花瓣5枚，倒卵形，长约1厘米；雄蕊柱无毛；心皮15~20枚，顶端平截，轮状排列，密被软毛。分果半圆形，分果爿15~20枚，被粗毛，顶端具2个长芒。①②③④

qínyètiěxiànlián

芹叶铁线莲 透骨草

Clematis aethusifolia Turcz.

科属：毛茛科，铁线莲属。

生境：山坡及水沟边。

花期：7~8月。

多年生草质藤本。幼时直立，以后匍匐状。根细长，棕黑色。茎纤细，有纵沟纹。二至三回羽状复叶或羽状细裂，末回裂片线形，顶端渐尖或钝圆；小叶柄短，边缘有时具翅；小叶间隔1.5~3.5厘米。聚伞花序腋生，常1~3朵花；苞片羽状细裂；花钟状下垂；萼片4枚，淡黄色，长方椭圆形或狭卵形，内面有3条直的中脉能见；雄蕊长为萼片之半，花丝扁平；子房扁平，卵形。瘦果扁平，宽卵形或圆形，成熟后棕红色，花柱宿存。①②③④

shūhuāruǎnzǐcǎo

疏花软紫草

Arnebia szechenyi Kanitz

科属：紫草科，软紫草属。

生境：向阳山坡。

花期：6~9月。

多年生草本。根稍含紫色物质。茎有疏分枝。叶无叶柄，狭卵形至线状长圆形，先端急尖，边缘具钝锯齿。镰状聚伞花序有数朵花，排列较疏；苞片与叶同形。花萼裂片线形；花冠黄色，筒状钟形，檐部直径5~7毫米，常有紫色斑点；雄蕊着生花冠筒中部或喉部；子房4裂，花柱丝状，稍伸出喉部或仅达花冠筒中部，先端浅2裂。①②③

相近种　**灰毛软紫草** ***Arnebia fimbriata*** Maxim. 花冠淡蓝紫色或粉红色，有时为白色，筒部直或稍弯曲④。

shuǐhúlúmiáo

水葫芦苗 圆叶碱毛茛

Halerpestes sarmentosa (Adams) Kom.

科属：毛茛科，碱毛茛属。
生境：盐碱性沼泽地或湖边。
花期：5~8 月。

多年生草本。匍匐茎细长，横走。叶多数；叶片纸质，多近圆形，或肾形、宽卵形，宽稍大于长，基部圆心形、截形或宽楔形，边缘有 3~7 枚圆齿，有时 3~5 裂；叶柄稍有毛。花葶 1~4 条；苞片线形；花小，直径 6~8 毫米；萼片绿色，卵形，反折；花瓣 5 枚，狭椭圆形，与萼片近等长，顶端圆形，基部有长约 1 毫米的爪，爪上端有点状蜜槽；花托圆柱形。聚合果椭圆球形，直径约 5 毫米；瘦果小而极多。①②③④

tiānxiānzǐ

马铃草，牙痛草 天仙子

Hyoscyamus niger L.

科属：茄科，天仙子属。
生境：山坡、路旁、住宅区及河岸沙地。
花期：5~8 月。

1

2

3

4

一年生或二年生草本。全体被黏性腺毛。自根茎生出莲座状叶丛，卵状披针形或长圆形，先端尖，基部渐窄，具粗齿或羽状浅裂，中脉宽扁，叶柄翼状，基部半抱根茎；茎生叶卵形或三角状卵形，先端钝或渐尖，基部宽楔形半抱茎，不裂或羽裂；茎顶叶浅波状，裂片多为三角形，无叶柄。花单生叶腋，在茎上端组成蝎尾式总状花序，常偏向一侧，花近无梗；花萼筒状钟形，裂片稍不等大，花后坛状，具纵肋，裂片张开，刺状；花冠钟状，长约为花萼 1 倍，黄色，肋纹紫堇色。①②③④

tūmàijīnsītáo

突脉金丝桃

Hypericum przewalskii Maxim.

科属：藤黄科，金丝桃属。

生境：山坡及河边灌丛等处。

花期：6~8 月。

多年生草本。茎最下部叶倒卵形，上部叶卵形或卵状椭圆形，先端钝，常微缺，基部心形抱茎。聚伞花序顶生，具 3 朵花，有时连同侧生小花枝组成伞房状圆锥花序。花径约 2 厘米；花梗长达 3~4 厘米；萼片长圆形，边缘波状，无腺点；花瓣长圆形，微弯曲，宿存；雄蕊 5 束，每束具 15 枚雄蕊；花柱 5 个，中部以上分离。蒴果卵圆形，具纵纹；宿萼长达 1.5 厘米。①②③④

xiāngchápāozi

香茶藨子

Ribes odoratum H. L. Wendl.

科属：虎耳草科，茶藨子属。
生境：山地河流沿岸。
花期：5 月。

落叶灌木。小枝具柔毛，老时脱落。叶圆肾形或倒卵圆形，基部楔形，稀近圆或平截，掌状 3~5 深裂，具粗钝锯齿；叶柄被柔毛。花两性，芳香；总状花序长 2~5 厘米，常下垂，具 5~10 朵花；花序轴和花梗具柔毛。苞片卵状披针形或椭圆状披针形；花萼黄色，或仅萼筒黄色微带浅绿色晕，萼筒管形，萼片长圆形或匙形；花瓣近匙形或近宽倒卵形，浅红色；柱头绿色。果圆形或宽椭圆形，熟时黑色。①②③④

xiǎoyèjīnlùméi

小叶金露梅

Potentilla parvifolia Fisch. ex Lehm.

科属：蔷薇科，委陵菜属。

生境：干燥山坡、岩石缝中、林缘及林中。

花期：6~8 月。

灌木。小枝灰色或灰褐色，幼时被灰白色柔毛或绢毛。羽状复叶，有 5~7 枚小叶，基部 2 对常较靠拢，近掌状或轮状排列；小叶小，披针形、带状披针形或倒卵状披针形，先端常渐尖，稀圆钝，基部楔形，边缘全缘，反卷；托叶全缘。单花或数朵，顶生。花径 1~1.2 厘米；萼片卵形，先端急尖，副萼片披针形、卵状披针形或倒卵披针形，短于萼片或近等长；花瓣黄色，宽倒卵形；花柱近基生，棒状，基部稍细，在柱头下缢缩，柱头扩大。①②③④

xìngcài

荇菜

金莲子，莲叶荇菜

Nymphoides peltata (S. G. Gmel.) Kuntze

科属：睡菜科，荇菜属。

生境：池塘或不甚流动的河溪中。

花期：4~10 月。

多年生水生草本。茎圆柱形，多分枝，密生褐色斑点，节下生根。上部叶对生，下部叶互生，叶片漂浮，近革质，圆形或卵圆形，基部心形，全缘，有不明显的掌状叶脉，下面粗糙，上面光滑。花常多数，簇生节上，5 数；花梗圆柱形，不等长；花冠金黄色，分裂至近基部，冠筒短，裂片宽倒卵形，先端圆形或凹陷，中部质厚的部分卵状长圆形，边缘宽膜质，近透明，具不整齐的细条裂齿；雄蕊着生于冠筒上，整齐。①②③④

xīzàngwābànhuā

西藏洼瓣花 高山罗蒂，狗牙贝

Lloydia tibetica Baker ex Oliv.

科属：百合科，洼瓣花属。

生境：山坡或草地上。

花期：5~7 月。

多年生草本。植株高达 30 厘米。鳞茎顶端延长、开裂。基生叶 3~10 枚，叶缘常无毛；茎生叶 2~3 枚，向上渐为苞片，常无毛。花 1~5 朵；花被片黄色，有淡紫绿色脉；内花被片宽 6~8 毫米，内面下部或近基部两侧各有 1~4 个鸡冠状褶片，外花被片宽约为内花被片 2/3；内外花被片内面下部常有长柔毛，稀无毛；雄蕊长约为花被片 1/2，花丝除上部外，均密被长柔毛；柱头近头状，稍 3 裂。①②③④

xiǎodǐngbīnghuā

小顶冰花

Gagea terraccianoana Pascher

科属：百合科，顶冰花属。
生境：林缘、灌丛中和山地草原等处。
花期：3~5 月。

多年生草本。鳞茎卵形，鳞茎皮褐黄色，通常在鳞茎皮内基部具一团小鳞茎。基生叶 1 枚，扁平。总苞片狭披针形，约与花序等长；花通常 3~5 朵，排成伞形花序；花梗略不等长；花被片条形或条状披针形，先端锐尖或钝圆，内面淡黄色，外面黄绿色；雄蕊长为花被片的一半，花丝基部扁平，花药矩圆形；子房长倒卵形，花柱长为子房的 1.5 倍。①②③

相近种　顶冰花 ***Gagea nakaiana*** Kitag. 植株较高，无附属小鳞茎，花被黄色④。

éhéqiānlǐguāng

额河千里光 大蓬蒿，羽叶千里光

Senecio argunensis Turcz.

科属：菊科，千里光属。

生境：草坡、山地草甸。

花期：8~10 月。

多年生草本。基生叶和下部茎生叶花期枯萎；中部茎生叶卵状长圆形或长圆形，羽状全裂或羽状深裂，基部具窄耳或撕裂状耳，无柄；上部叶渐小，羽状分裂。头状花序有舌状花，排成复伞房花序；花序梗细，有苞片和数个线状钻形小苞片；总苞近钟状，外层苞片约 10 枚，线形，总苞片约 13 枚，长圆状披针形，绿色或紫色。舌状花 10~13 枚，舌片黄色，长圆状线形；管状花多数，花冠黄色。①②③④

kuǎndōng

虎须，九尽草 **款冬**

Tussilago farfara L.

科属：菊科，款冬属。
生境：山谷湿地或林下。
花期：2~3 月。

多年生葶状草本。根茎横生。先叶开花，早春抽出花葶，有互生淡紫色鳞状苞叶。基生叶卵形或三角状心形，后出基生叶宽心形，边缘波状，顶端有增厚疏齿，掌状脉，具长柄。头状花序单生花葶顶端，初直立，花后下垂；总苞钟状，总苞片 1~2 层，披针形或线形，常带紫色；花序托平。小花异形；边缘有多层雌花，花冠舌状，黄色，柱头 2 裂；中央两性花少数，花冠管状，5 裂，花药基部尾状，柱头头状，不结实。瘦果圆柱形；冠毛白色，糙毛状。①②③④

zhōnghuákǔmǎicài

中华苦荬菜 山苦荬，小苦苣

Ixeris chinensis (Thunb.) Kitag.

科属：菊科，苦荬菜属。

生境：河边灌丛或岩石缝隙中。

花期：1~10 月。

多年生草本。茎上部分枝。基生叶长椭圆形、倒披针形、线形或舌形，基部渐窄成翼柄，全缘，不裂或羽状浅裂、半裂或深裂，侧裂片 2~4 对，长三角形、线状三角形或线形；茎生叶 2~4 枚，长披针形或长椭圆状披针形，不裂，全缘，基部耳状抱茎。头状花序排成伞房花序；总苞圆柱状，总苞片 3~4 层，外层宽卵形，内层长椭圆状倒披针形。舌状小花黄色。瘦果长椭圆形，有 10 条钝肋，肋有小刺毛，喙细丝状；冠毛白色。①②③④

zhúyèhéěrjú

术叶千里光 **术叶合耳菊**

Synotis atractylidifolia

(Y. Ling) C. Jeffrey & Y. L. Chen

科属：菊科，合耳菊属。

生境：阴湿山谷及多岩石山坡。

花期：8月。

亚灌木。根状茎粗，木质，分枝，平卧或斜升。茎数个，直立。叶近无柄，披针形，或有时略呈镰形。头状花序具舌状花，数朵至较多数在茎端及枝端排成顶生复伞房花序，径 1.5 厘米；总苞近钟形，长圆状线形；舌状花 3~5 朵，管部长 3 毫米，舌片黄色，长圆状椭圆形；管状花约 10 朵，花冠黄色，檐部漏斗形。瘦果圆柱形；冠毛略长于瘦果，白色。①②③④

huángyīngjú

黄缨菊 黄冠菊，九头妖

Xanthopappus subacaulis C. Winkl.

科属：菊科，黄缨菊属。

生境：草甸、草原及干燥山坡。

花期：7~9 月。

多年生无茎矮小草本。茎基极短，被纤维质撕裂褐色叶柄残鞘。叶基生，莲座状，革质，长椭圆形或线状长椭圆形，羽状深裂，叶脉在边缘及先端延伸成针刺；叶柄长达 10 厘米，基部鞘状。头状花序达 20 个，密集成团球状；总苞宽钟状，总苞片 8~9 层；花托平。小花均两性，管状，黄色，顶端 5 齿裂，花冠檐部不明显；花药基部附属物箭形，花丝分离；花柱分枝极短，顶端平截，基部有毛环。瘦果偏斜倒卵圆形，顶端有平展果缘；冠毛多层。①②③④

kǔjùcài

滇苦荬菜 **苦苣菜**

Sonchus oleraceus L.

科属：菊科，苦苣菜属。
生境：山坡、山谷或平地、空旷处。
花期：5~12 月。

一年生或二年生草本。基生叶羽状深裂，长椭圆形或倒披针形，或大头羽状深裂，或不裂，叶形变异极大，基部渐窄成翼柄；茎生叶羽状深裂或大头状羽状深裂，椭圆形或倒披针形，基部骤窄成翼柄，柄基圆耳状抱茎，顶裂片与侧裂片宽三角形至卵状心形；叶、裂片及抱茎小耳边缘有锯齿。头状花序排成伞房或总状花序或单生茎顶；总苞宽钟状，总苞片 3~4 层，先端长尖。舌状小花黄色。瘦果褐色，长椭圆形；冠毛白色。①②③④

měnggǔyācōng

蒙古鸦葱

Scorzonera mongolica Maxim.

科属：菊科，鸦葱属。

生境：盐化草甸、沙地及盐碱地等处。

花期：4~8 月。

多年生草本。基生叶长椭圆形至线状披针形，基部渐窄成柄，柄基鞘状；茎生叶互生或对生，披针形至线状长椭圆形，基部楔形收窄，无柄；叶肉质，灰绿色。头状花序单生茎端，或茎生 2 个头状花序成聚伞花序状排列；总苞窄圆柱状，总苞片 4~5 层。舌状小花黄色。瘦果圆柱状，淡黄色；冠毛白色，羽毛状。①②③

相近种　**桃叶鸦葱** ***Scorzonera sinensis*** (Lipsch. & Krasch.) Nakai 总苞圆柱状，舌状小花黄色④。

xuánfùhuā

金佛花，六月菊 旋覆花

Inula japonica Thunb.

科属：菊科，旋覆花属。
生境：湿润草地、河岸和田埂上。
花期：6~10 月。

多年生草本。中部叶长圆形、长圆状披针形或披针形，基部常有圆形半抱茎小耳，无柄；上部叶线状披针形。头状花序排成疏散伞房花序，花序梗细长。总苞半圆形，总苞片约 5 层，线状披针形，近等长。舌状花黄色，较总苞长 2~2.5 倍，舌片线形；管状花花冠长约 5 毫米，冠毛白色，与管状花近等长。瘦果圆柱形。①②③

相近种　**蓼子朴** ***Inula salsoloides*** (Turcz.) Ostenf. 头状花序较小，总苞黄绿色，舌状花浅黄色④。

chuānxījǐnjìr

川西锦鸡儿

Caragana erinacea Kom.

科属：豆科，锦鸡儿属。

生境：山坡灌丛、山前。

花期：5~6月。

灌木。托叶硬化，宿存；长枝叶轴宿存并硬化成针刺，短枝叶轴脱落。小叶为2~4对，羽状着生，在短枝上为2对假掌状着生。花单生；花萼管状；花冠黄色，旗瓣常带紫红色，菱状倒卵形，翼瓣稍长于旗瓣，瓣柄与瓣片近等长，耳短小，龙骨瓣稍短于翼瓣，先端具弯喙，瓣柄稍长。①②

相近种　**鬼箭锦鸡儿** ***Caragana jubata*** (Pall.) Poir. 花梗极短；花冠玫瑰色至近白色③。**黄刺条** ***Caragana frutex*** (L.) K. Koch 花单生或并生，花萼管状钟形④。

huāmùxu

花苜蓿

Medicago ruthenica (L.) Trautv.

科属：豆科，苜蓿属。

生境：草原、沙地、河岸及沙砾质地。

花期：6~9 月。

多年生草本。茎直立或上升，四棱形，基部分枝，丛生。羽状三出复叶；托叶披针形，锥尖，耳状，具 1~3 枚浅齿；小叶倒披针形至线形，边缘 1/4 以上具尖齿；顶生小叶稍大，小叶柄较长，侧生小叶柄甚短。花序伞形，腋生，具 6~9 朵密生的花。花萼钟形；花冠黄褐色，中央有深红色或紫色条纹，旗瓣倒卵状长圆形、倒心形或匙形，翼瓣稍短，龙骨瓣明显短，均具长瓣柄；子房线形，花柱短。荚果长圆形或卵状长圆形，扁平，顶端具短喙。①②③④

jīnyìhuángqí

金翼黄耆

Astragalus chrysopterus Bunge

科属：豆科，黄耆属。

生境：山坡、灌丛、林下及沟谷中。

花期：6~8 月。

1

2

3

4

多年生草本。根茎粗壮，黄褐色。茎细弱，具条棱，多少被伏贴的柔毛。羽状复叶有 12~19 枚小叶；小叶宽卵形或长圆形，顶端钝圆或微凹，具小凸尖，基部楔形，下面粉绿色。总状花序腋生，生 3~13 朵花，疏松；花冠黄色。荚果倒卵形，先端有尖喙，有网纹，果颈远较荚果长。①②③④

mùdìshānlídòu

牧地香豌豆　牧地山黧豆

Lathyrus pratensis L.

科属：豆科，山黧豆属。
生境：山坡草地、疏林下、路旁阴处。
花期：6~8 月。

多年生草本。叶具 1 对小叶，叶轴末端的卷须单一或分枝；托叶箭形，歪斜；小叶椭圆形至线状披针形，先端渐尖，基部宽楔形或近圆形。总状花序腋生，长于叶数倍，具 5~12 朵花。花萼钟状；花冠黄色，旗瓣近圆形，下部变窄为瓣柄；翼瓣稍短于旗瓣，近倒卵形，龙骨瓣稍短于翼瓣，近半月形，与翼瓣基部均具耳及线形瓣柄。①②③

相近种　山黧豆 ***Lathyrus quinquenervius*** (Miq.) Litv. 总状花序具较少朵花，花冠紫蓝色或紫色④。

pīzhēnyèyějuémíng

披针叶野决明 牧马豆，披针叶黄华

Thermopsis lanceolata R. Br.

科属：豆科，野决明属。

生境：草原沙丘、河岸和砾滩。

花期：5~7 月。

多年生草本。茎直立，被棕色长伏毛。掌状三出复叶，总叶柄被棕色毛；托叶大型，椭圆形或卵状披针形；小叶倒披针形或长椭圆形，先端钝圆或急尖，基部楔形。总状花序顶生，花轮生，每轮 2~3 朵；花冠黄色，旗瓣近圆形，先端微凹，基部具爪，翼瓣与旗瓣近等长或稍长，顶端圆，耳宽大，具爪，龙骨瓣与翼瓣等长；雄蕊 10 枚，分离。荚果长矩圆形，先端急尖并宿存花柱，褐色。①②③④

shādōngqīng

沙冬青

Ammopiptanthus mongolicus
(Maxim. ex Kom.) S. H. Cheng

科属：豆科，沙冬青属。
生境：沙丘、河滩边台地。
花期：4~5 月。

①

②

③

④

易危种。常绿灌木。多叉状分枝。复叶，小叶 3 枚，稀单叶；托叶小，与叶柄连合并抱茎；小叶菱状椭圆形或宽披针形，先端急尖或钝，微凹，基部楔形或宽楔形，全缘，羽状脉，侧脉几不明显。总状花序顶生，有 8~12 朵密集的花；苞片卵形。花互生；花梗中部有 2 枚小苞片；花萼钟形，萼齿 5 枚，上方 2 枚齿合生为较大的齿；花冠黄色，花瓣均具长瓣柄，旗瓣倒卵形，翼瓣比龙骨瓣短，长圆形，龙骨瓣分离，基部具短耳；子房具柄，线形。①②③④

shuǐjīnfèng

水金凤

Impatiens noli-tangere L.

科属：凤仙花科，凤仙花属。

生境：山坡林下、林缘草地或沟边。

花期：7~9 月。

一年生草本。茎较粗壮，肉质，直立。叶互生，卵形或卵状椭圆形，先端钝，基部圆钝或宽楔形，边缘有粗圆齿状齿，齿端具小尖；叶柄纤细。总状花序，具 2~4 朵花；花黄色；旗瓣圆形或近圆形，先端微凹，背面中肋具绿色鸡冠状突起，顶端具短喙尖；翼瓣无柄，2 裂，下部裂片小，长圆形，上部裂片宽斧形，近基部散生橙红色斑点，外缘近基部具钝角状的小耳；唇瓣宽漏斗状，喉部散生橙红色斑点，基部渐狭成内弯的距。雄蕊 5 枚。蒴果线状圆柱形。①②③④

cōngpírěndōng

千层皮，秦岭金银花 # 葱皮忍冬

Lonicera ferdinandi Franch.

科属：忍冬科，忍冬属。
生境：向阳山坡林中或林缘灌丛中。
花期：4月下旬至6月。

落叶灌木。叶纸质或厚纸质，卵形、卵状披针形或长圆状披针形。苞片叶状，披针形或卵形。小苞片合成坛状，全包相邻两萼筒，花冠白色，后淡黄色，唇形，上唇4浅裂，下唇细长反曲。果熟时红色，卵圆形，外包撕裂的坛状小苞片。①②

相近种　**金花忍冬** ***Lonicera chrysantha*** Turcz. ex Ledeb. 花冠白色至黄色，唇形，基部有深囊或囊不明显③。**新疆忍冬** ***Lonicera tatarica*** L. 花冠粉红色或白色，唇形，基部常有浅囊，上唇两侧裂深达唇瓣基部④。

zhōngguómǎxiānhāo

中国马先蒿

Pedicularis chinensis Maxim.

科属：玄参科，马先蒿属。
生境：高山草地中。
花期：7月。

一年生草本。茎单出或多条，直立或弯曲上升至倾卧。叶基生与茎生，基生叶柄长达 4 厘米，上部叶脉较短；叶披针状长圆形或线状长圆形，羽状浅裂或半裂，裂片 7~13 对，卵形，有重锯齿。花序长总状；苞片叶状。花萼管状，有时具紫斑，前方约裂 2/5，萼齿 2 枚，叶状；花冠黄色，上唇上端渐弯，无鸡冠状凸起，喙细，半环状，下唇宽为长近 2 倍，中裂片较小，顶部平截或微圆，不前凸于侧裂片。蒴果长圆状披针形，顶端有小凸尖。①②③④

mĕnggŭxīnbā

蒙古芯芭

Cymbaria mongolica Maxim.

科属：玄参科，芯芭属。

生境：干旱山坡。

花期：4~8 月。

多年生草本。植株高达 20 厘米，被柔毛，呈绿色。茎丛生，基部密被鳞叶。叶对生，无柄，长圆状披针形或线状披针形。花少数，腋生。花梗长 0.3~1 厘米；小苞片 2 枚；花萼内外均被毛，萼齿 5~6 枚，窄三角形或线形，长为萼筒 2~3 倍，齿间具 1~2 枚线状小齿；花冠黄色，上唇略盔状，裂片外卷，下唇 3 裂，开展；雄蕊 4 枚，2 枚强，花丝基部被柔毛，花药背着，药室下端有刺尖。蒴果长卵圆形，革质。①②③④

huánghuāsháolán

黄花杓兰

Cypripedium flavum P. F. Hunt & Summerh.

科属：兰科，杓兰属。

生境：林下、灌丛或草地上多石湿润之地。

花期：6~9 月。

易危种。地生草本。植株高达 50 厘米。根状茎粗短。茎直立，密被短柔毛。叶 3~6 枚，椭圆形或椭圆状披针形。花序顶生，常具 1 朵花，稀 2 朵花，花序梗被短柔毛。花黄色，有时有红晕，唇瓣偶有栗色斑点；中萼片椭圆形，合萼片宽椭圆形，先端几不裂；花瓣近长圆形，先端钝，唇瓣深囊状，囊底具长柔毛；退化雄蕊近圆形或宽椭圆形，近无花丝。蒴果窄倒卵形。①②③④

huánghuājiǎohāo

黄花角蒿

Incarvillea sinensis* var. *przewalskii

(Batalin) C. Y. Wu & W. C. Yin

科属：紫葳科，角蒿属。

生境：山坡。

花期：7~9 月。

一年生至多年生草本。叶互生，不聚生于茎的基部，二至三回羽状细裂，形态多变异。顶生总状花序，疏散；小苞片绿色，线形。花萼钟状，绿色带紫红色，萼齿钻状，萼齿间皱褶 2 浅裂。花冠淡黄色，钟状漏斗形，基部收缩成细筒，花冠裂片圆形。雄蕊 4 枚，二强，着生于花冠筒近基部，花药成对靠合。花柱淡黄色。蒴果淡绿色，顶端尾状渐尖。①②③

相近种　角蒿 ***Incarvillea sinensis*** Lam. 花冠淡玫瑰色或粉红色，有时带紫色④。

chángjùliǔchuānyú

长距柳穿鱼

Linaria longicalcarata D. Y. Hong

科属：玄参科，柳穿鱼属。

生境：阴山坡、河沟草地及石堆中。

花期：7~8 月。

多年生草本。茎中部以上多分枝。叶互生，长 1~4.5 厘米，宽 2~3.5 毫米。花序疏花，有花数朵；苞片披针形；花梗极短；花萼裂片长矩圆形或卵形，顶端稍钝至圆钝；花冠鲜黄色，喉部隆起处橙色，上唇略超出下唇，裂片顶端钝，距直。蒴果。种子盘状。①②③

相近种　紫花柳穿鱼 ***Linaria bungei*** Kuprian. 穗状花序，花数朵至多朵，果期伸长。花冠紫色④。

huīlǜhuángjǐn

灰绿黄堇

Corydalis adunca Maxim.

科属：罂粟科，紫堇属。
生境：干旱山地、河滩地或石缝中。
花期：5~9 月。

多年生丛生草本。茎数条。基生叶具长柄，叶二回羽状全裂，二回羽片 3 裂；茎生叶与基生叶同形，上部叶具短柄，近一回羽状全裂。总状花序多花；苞片窄披针形，与花梗近等长。萼片卵形；花冠黄色，外花瓣先端淡褐色，兜状，无鸡冠状突起，距长为花瓣 1/4~1/3，下花瓣舟状，内花瓣具鸡冠状突起，爪与瓣片近等长。①②③

相近种　**曲花紫堇** ***Corydalis curviflora*** Maxim. 总状花序顶生，稀腋生，萼片不规则撕裂至中部；花瓣淡蓝色、淡紫色或紫红色④。

jiànyètuówú

箭叶橐吾

Ligularia sagitta

(Maxim.) Mattf. ex Rehder & Kobuski

科属：菊科，橐吾属。

生境：水边、草坡、林缘、林下及灌丛。

花期：7~9 月。

多年生草本。丛生叶与茎下部叶箭形至戟形，边缘具齿，叶脉羽状，叶柄具窄翅，基部鞘状；茎中部叶与下部叶同形，较小。头状花序多数，辐射状，组成总状花序；总苞钟形或窄钟形，总苞片 2 层，长圆形或披针形。舌状花 5~9 朵，黄色，舌片长圆形；管状花多数，冠毛白色，与花冠等长。①②

相近种 **鹿蹄橐吾** ***Ligularia hodgsonii*** Hook. f. 管状花伸出总苞，冠毛红褐色③。**太白山橐吾** ***Ligularia dolichobotrys*** Diels 花药蓝色，冠毛褐色与花冠管部等长④。

lóngyácǎo

龙芽草

老鹤嘴，路边黄

Agrimonia pilosa Ledeb.

科属：蔷薇科，龙芽草属。

生境：溪边、草地、灌丛、林缘及疏林下。

花期：5~12 月。

多年生草本。根多呈块茎状。叶为间断奇数羽状复叶，通常有小叶 3~4 对，稀 2 对，向上减少至三小叶；小叶片无柄或有短柄，倒卵形，倒卵椭圆形或倒卵披针形，顶端急尖至圆钝，基部楔形至宽楔形，边缘有急尖到圆钝锯齿；托叶草质，绿色。花序穗状总状顶生；苞片通常深 3 裂，裂片带形，小苞片对生，卵形，全缘或边缘分裂；萼片 5 枚，三角卵形；花瓣黄色，长圆形；雄蕊 8~15 枚；花柱 2 个，丝状，柱头头状。①②③④

niánmáoshǔwěicǎo

黏毛鼠尾草 粘毛鼠尾草

Salvia roborowskii Maxim.

科属：唇形科，鼠尾草属。

生境：山坡草地、沟边阴处、山脚山腰。

花期：6~8 月。

一年生或二年生草本。叶戟形或戟状三角形，先端尖或钝，基部浅心形或戟形，具圆齿；具长柄。轮伞花序具 4~6 朵花，组成总状花序；上部苞片披针形或卵形，全缘或波状。花萼钟形，上唇三角状半圆形，具 3 个短尖头，下唇具 2 枚三角形齿，先端刺尖；花冠黄色，上唇长圆形，全缘，下唇中裂片倒心形，侧裂片半圆形。①②③

相近种 **甘西鼠尾草** ***Salvia przewalskii*** Maxim. 轮伞花序疏散，花冠紫红色或红褐色④。

zhǎngyètuówú

掌叶橐吾

Ligularia przewalskii (Maxim.) Diels

科属：菊科，橐吾属。
生境：河滩、山麓、林缘，林下及灌丛。
花期：6~10 月。

1

2

3

4

多年生草本。茎直立。丛生叶与茎下部叶具长柄，柄细瘦，光滑，基部具鞘；叶片轮廓卵形，二回掌状深裂，中裂片二回 3 裂，小裂片边缘具条裂齿；茎中上部叶少而小，掌状分裂，常有膨大的鞘。总状花序长达 48 厘米；苞片线状钻形；花序梗纤细，光滑；头状花序多数，辐射状；总苞狭筒形，总苞片 2 层，线状长圆形。舌状花 2~3 朵，黄色，舌片线状长圆形，先端钝，透明；管状花常 3 朵，远伸出总苞之上，管部与檐部等长，冠毛紫褐色，短于管部。①②③④

huánghuājídòu

黄花棘豆

Oxytropis ochrocephala Bunge

科属：豆科，棘豆属。

生境：荒山、草地、林区、沼泽地等处。

花期：6~8 月。

1

2

3

4

多年生草本。茎粗壮，直立。奇数羽状复叶。托叶草质，卵形，基部与叶柄合生；小叶 17~21 枚，草质，卵状披针形。多花组成密总状花序；花序梗直立；苞片线状披针形。花萼膜质，筒状，萼齿线状披针形，与萼筒等长，果期膨大呈囊状；花冠黄色，旗瓣瓣片宽倒卵形，外展，瓣柄与瓣片近等长，翼瓣长圆形，瓣柄长约 7 毫米，龙骨瓣喙长约 1 毫米或稍长；子房具短柄。荚果革质，长圆形，膨胀，顶端具弯曲的喙。①②③④

shēnlièyèhuángqín

深裂叶黄芩

***Scutellaria przewalskii* Juz.**

科属：唇形科，黄芩属。

生境：沙砾质开阔坡地、河岸干沟等处。

花期：6~8 月。

亚灌木。茎常紫色。叶卵形或椭圆形，先端钝，基部近平截，羽状深裂，具 4~7 对指状裂片；叶柄长 0.5~1 厘米，扁平，具窄翅，被绒毛。总状花序，苞片宽卵形，被长柔毛及腺毛。花梗长约 5 毫米，被长柔毛；花萼长约 2 毫米，盾片长 1.5 毫米；花冠黄色或冠檐带紫色，冠筒基部稍囊状，喉部径达 7 毫米，下唇中裂片宽卵形，先端微缺，侧裂片卵形。小坚果三棱状卵圆形，腹面近基部具脐状突起。①②③④

huánghuābǔxuècǎo

黄花补血草 黄花矶松，金佛花

Limonium aureum (L.) Hill

科属：白花丹科，补血草属。

生境：干旱砾石滩、多石山坡或沙地。

花期：6~8 月。

多年生草本。茎基肥大，被褐色鳞片及残存叶柄。叶基生，有时花序轴下部具 1~2 枚叶，花期凋落；叶长圆状披针形或倒披针形，先端钝圆，基部渐窄。花茎 2 条至多数，生于不同叶丛，常四至七回叉状分枝，花序轴下部单生多数分枝具不育枝，花序圆锥状。萼漏斗状，萼檐金黄色或橙黄色；花冠橙黄色。①②③

相近种　**簇枝补血草** ***Limonium chrysocomum*** (Kar. & Kir.) Kuntze 不育枝簇生，花序轴外貌简单，花序呈单个顶生的头状团簇④。

běicháihú

韭叶柴胡，竹叶柴胡 **北柴胡**

Bupleurum chinense DC.

科属：伞形科，柴胡属。

生境：向阳山坡路边、岸旁或草丛中。

花期：9月。

多年生草本。主根褐色，坚硬。茎上部多回分枝长而开展，常呈“之”字曲折。基生叶披针形，先端渐尖，基部缢缩成柄；茎中部叶披针形，有短尖头，叶鞘抱茎。复伞形花序多，成疏散圆锥状；总苞片窄披针形；伞辐 3~8 枝，纤细；小总苞片 5 枚，披针形；伞形花序有花 5~10 朵，花瓣小舌片长圆形，顶端 2 浅裂；花柱基深黄色。①②③

相近种　**秦岭柴胡** ***Bupleurum longicaule*** var. ***giraldii*** H. Wolff 小总苞片大而阔似“花瓣”，卵形，绿色或带黄色④。

cāoyèbàijiàng

糙叶败酱

Patrinia scabra Bunge

科属：败酱科，败酱属。

生境：石质坡地、干燥的阳坡草丛中。

花期：7~8月。

多年生草本。茎多数丛生。叶较坚挺；基生叶开花时常枯萎脱落，叶形、分裂程度、裂片形状及柄长变异极大；茎生叶长圆形或椭圆形，羽状深裂至全裂花密生，顶生伞房状聚伞花序具3~7级对生分枝；萼齿5枚；花冠黄色，漏斗状钟形，较大，基部一侧有浅的囊肿，花冠裂片长圆形至卵圆形；花药长圆形，近蜜囊，2枚花丝稍长于另2枚。①②③

相近种　**岩败酱** ***Patrinia rupestris*** (Pall.) Dufr. 花冠较小，果苞较窄小④。

sōnglán

菘蓝

***Isatis tinctoria* L.**

科属：十字花科，菘蓝属。

生境：田野、牧场、路旁、荒地。

花期：4~6 月。

二年生草本。茎直立，绿色，顶部多分枝，植株光滑无毛，带白粉霜。基生叶莲座状，长圆形至宽倒披针形，顶端钝或尖，基部渐狭，全缘或稍具波状齿，具柄；基生叶蓝绿色，长椭圆形或长圆状披针形，基部叶耳不明显或为圆形。萼片宽卵形或宽披针形；花瓣黄白色，宽楔形，顶端近平截，具短爪。短角果近长圆形，扁平，无毛，边缘有翅；果梗细长，微下垂。种子长圆形，淡褐色。①②③④

yìng'āwèi

硬阿魏 沙茴香，沙椒

Ferula bungeana Kitag.

科属：伞形科，阿魏属。

生境：沙丘、沙地、旱田、砾石质山坡。

花期：5~6月。

多年生草本。茎二至三回分枝。基生叶莲座状，具短柄；叶宽卵形，二至三回羽状全裂，裂片长卵形，羽状深裂，小裂片楔形或倒卵形，常3裂成角状齿，灰蓝色，质厚，宿存。复伞形花序顶生，径4~12厘米，果序长达25厘米，无总苞片或偶有1~3枚，锥形；伞辐4~15枝；伞形花序有花5~12朵，小总苞片3~5枚，线状披针形。萼齿卵形；花瓣黄色，椭圆形；花柱基扁圆锥形，边缘宽。①②③④

dàihuángtuówú

大黄 大黄橐吾

Ligularia duciformis

(C. Winkl.) Hand.-Mazz.

科属：菊科，橐吾属。
生境：河边、林下、草地及高山草地。
花期：7~9 月。

多年生草本。根肉质，多数，簇生。茎直立。丛生叶与茎下部叶具柄，柄长达 31 厘米，基部具鞘，叶片肾形或心形，边缘有不整齐的齿。复伞房状聚伞花序长达 20 厘米，分枝开展；苞片与小苞片极小，线状钻形；花序梗长达 1 厘米，被密生黄色有节的短柔毛；头状花序多数，盘状，总苞狭筒形，2 层，小花全部管状，黄色，伸出总苞之外，管部与檐部等长，冠毛白色，与花冠管部等长。瘦果圆柱形，光滑，幼时有纵的皱褶。①②③④

tiānshānhǎiyīngsù

天山海罂粟

Glaucium elegans Fisch. & C. A. Mey.

科属：罂粟科，海罂粟属。

生境：附近的荒漠、低山石坡或河滩。

花期：5~7 月。

一年生草本。茎二歧分枝，被白粉，无毛。基生叶倒卵状长圆形，羽状浅裂，裂片宽卵形，具粗牙齿，齿端具刚毛状短尖头，叶柄扁；茎生叶卵状近圆形，基部心形，抱茎，具浅波状齿。花单生枝顶。花芽纺锤形，常被乳突状皮刺；花瓣宽倒卵形，橙黄色，基部带红色；花丝丝状，向基部渐粗；子房圆柱形，花柱近无，柱头 2 裂。蒴果线状圆柱形。①②③

相近种　**新疆海罂粟** ***Glaucium squamigerum*** Kar. & Kir. 二年生或多年生草本，花瓣金黄色，无斑点④。

yěyīngsù

野罂粟

***Papaver nudicaule* L.**

科属：罂粟科，罂粟属。
生境：林下、林缘或山坡草地。
花期：5~9 月。

多年生草本。根茎粗短，常不分枝，密被残枯叶鞘。茎极短。叶基生，卵形或窄卵形，羽状浅裂、深裂或全裂，裂片 2~4 对，小裂片窄卵形、披针形或长圆形；叶柄基部鞘状。花葶一至数枝，花单生花葶顶端。萼片 2 枚，早落；花瓣 4 枚，宽楔形或倒卵形，具浅波状圆齿及短爪，淡黄色、黄色或橙黄色，稀红色；花丝钻形；柱头 4~8 个，辐射状。果窄倒卵圆形、倒卵圆形或倒卵状长圆形，具 4~8 条肋；柱头盘状，具缺刻状圆齿。①②③④

shègān

射干 交剪草，野萱花

Belamcanda chinensis (L.) DC.

科属：鸢尾科，射干属。

生境：林缘或山坡草地处也可生长。

花期：6~8 月。

多年生草本。根状茎斜伸，黄褐色；须根多数，带黄色。叶互生，剑形，无中脉，嵌叠状 2 列。花序叉状分枝。花梗及花序的分枝处有膜质苞片；花橙红色，有紫褐色斑点，径 4~5 厘米；花被裂片倒卵形或长椭圆形，内轮较外轮裂片稍短窄；雄蕊花药线形外向开裂；柱头有细短毛，子房倒卵形。蒴果倒卵圆形，室背开裂果瓣外翻，中央有直立果轴。①②③

相近种　**野鸢尾** ***Iris dichotoma*** Pall. 花蓝紫色或淡蓝色，外花被裂片宽倒披针形，有棕褐色斑纹，内花被裂片窄倒卵形④。

xiǎoxuāncǎo

小萱草

Hemerocallis dumortieri E. Morren

科属：百合科，萱草属。
生境：山坡、山谷或草地上。
花期：5~6月。

多年生草本。植株矮小，冬季落叶。根稍肉质，近端部具长圆形、膨胀的块根。叶线形，狭窄，与花葶近等长。花葶上升。花序短，具花2~4朵，排成螺旋状聚伞花序；苞片长圆状卵形，先端近尖。花较小，稍芳香。花被片橙黄色，筒部约1厘米长；裂片狭窄，内部的稍宽于外部。花药黑色。蒴果近卵形。①②③④

āěrtàijīnliánhuā

阿尔泰金莲花

Trollius altaicus C. A. Mey.

科属：毛茛科，金莲花属。

生境：山地草坡、沼泽边或山谷林下。

花期：5~7 月。

多年生草本。植株全体无毛。茎疏生 3 片叶。基生叶 2~5 片，有长柄；叶片五角形，基部心形，三全裂，顶裂片二回分裂；叶柄基部具狭鞘。花单独顶生；萼片多枚，橙色，倒卵形或宽倒卵形，顶端圆形，常疏生小齿，有时全缘；花瓣比雄蕊稍短或与雄蕊等长，线形，顶端渐变狭；心皮约 16 枚，花柱紫色。聚合果，蓇葖具短喙；种子椭圆形，黑色，有不明显纵棱。①②③④

hóng huā

刺红花，红蓝花 **红花**

Carthamus tinctorius L.

科属：菊科，红花属。
生境：栽培或归化于寒冷、干燥的盐碱地。
花期：5~8月。

一年生草本。茎枝无毛。中下部茎生叶披针形、卵状披针形或长椭圆形，长7~15厘米，边缘有锯齿或全缘，稀羽状深裂，齿端有针刺；向上的叶披针形，有锯齿；叶革质，两面无毛无腺点，半抱茎。头状花序排成伞房花序，为叶状苞片所包，苞片椭圆形或卵状披针形，边缘有针刺或无针刺；总苞卵圆形，总苞片4层，绿色。小花红色或橘红色。瘦果倒卵形，乳白色，无冠毛。①②③④

hónglúngǒushécǎo

红轮狗舌草 红轮千里光

Tephroseris flammea (Turcz. ex DC.) Holub

科属：菊科，狗舌草属。

生境：山地草原及林缘。

花期：7~8 月。

多年生草本。基生叶花期凋落，椭圆状长圆形，基部楔状具长柄；下部茎生叶倒披针状长圆形，基部窄成翅，稍下延成叶柄半抱茎；中部叶无柄，椭圆形或长圆状披针形；上部叶线状披针形或线形。头状花序排成近伞形伞房花序；总苞钟状，总苞片草质，深紫色。舌状花 13~15 朵，舌片深橙色或橙红色，线形；管状花多数，花冠黄色或紫黄色。①②③

相近种　天山狗舌草 *Tephroseris turczaninovii* (DC.) Holub 舌状花舌片橙黄色，瘦果无毛④。

hónghuālǜrónghāo

阿柏几麻鲁 红花绿绒蒿

Meconopsis punicea Maxim.

科属：罂粟科，绿绒蒿属。
生境：山坡草地。
花期：6~9月。

多年生草本。须根纤维状。叶基宿存。叶基、叶、花葶、萼片、子房及蒴果均密被淡黄色或深褐色分枝刚毛。叶全基生，莲座状，倒披针形或窄倒卵形，先端尖，基部渐窄下延，全缘，具数纵脉；叶柄基部稍鞘状。花葶 1~6 枝，常具肋，花单生于花葶，下垂。萼片卵形；花瓣 4~6 枚，椭圆形，长 3~10 厘米，深红色；花丝线形；花柱极短，柱头 4~6 圆裂。蒴果椭圆状长圆形，顶端 4~6 微裂。种子密被乳突。①②③④

bǎijīnhuā

白金花 百金花

Centaurium pulchellum
var. ***altaicum*** (Griseb.) Kitag. & H. Hara

科属：龙胆科，白金花属。
生境：潮湿的田野、草地、水边、沙滩地。
花期：5~7 月。

一年生草本。全株无毛。主根纤细，淡褐黄色，有支根。茎直立，具 4 条纵棱。有分枝，叶对生，椭圆形至披针形，先端锐尖，全缘，三出脉，无柄，中脉在背面高高突起呈脊状。二歧式聚伞花序，具明显花梗；花白色或淡红色；花萼管状，具 5 个钻形裂片；花冠白色或粉红色，近高脚碟状，管部长约 8 毫米，具 5 个矩圆形的裂片，裂片长约 4 毫米；雄蕊 5 枚，着生于花冠喉部，花药矩圆形，开裂后螺旋状卷旋。①②③④

chuānchìsháo

川赤芍

Paeonia anomala subsp. ***veitchii***

(Lynch) D. Y. Hong & K. Y. Pan

科属：芍药科，芍药属。
生境：山坡疏林中。
花期：5~6 月。

多年生草本。叶为二回三出复叶，叶片轮廓宽卵形；小叶成羽状分裂，裂片窄披针形至披针形，全缘；具长柄。花 2~4 朵，生于茎顶端及叶腋，有时仅顶端 1 朵开放，而叶腋有发育不好的花芽；苞片 2~3 枚，披针形，大小不等；萼片 4 枚，宽卵形；花瓣 6~9 枚，倒卵形，紫红色或粉红色；花盘肉质，仅包裹心皮基部；心皮 2~3 枚。①②③

相近种　**草芍药** ***Paeonia obovata*** Maxim. 小叶不分裂；花瓣粉红色或淡紫红色④。

cìxuánhuā

刺旋花

Convolvulus tragacanthoides Turcz.

科属：旋花科，旋花属。
生境：石缝中及戈壁滩。
花期：5~7月。

垫状亚灌木。植株高达 15 厘米。分枝密集，节间短，具枝刺，被银色绢毛。叶窄线形，稀倒披针形，长 0.5~2 厘米，密被银灰色绢毛；近无柄。花 2~6 朵生枝端，稀单花，无刺，花梗长 2~5 毫米，密被绢毛；萼片长 5~8 毫米，椭圆形或长圆状倒卵形，被褐黄色毛；花冠淡红色，漏斗状，长 1.5~2.5 厘米，瓣中带密被短柔毛；雄蕊不等长，长约为花冠 1/2；柱头线形。蒴果圆形，顶部被柔毛。①②③④

hǎirǔcǎo

西尚 海乳草

Glaux maritima L.

科属：报春花科，海乳草属。

生境：海边、河漫滩盐碱地和沼泽草甸中。

花期：6月。

多年生草本。稍肉质。茎直立或下部匍匐。叶对生或互生，近无柄；叶肉质，线形至近匙形，先端钝或稍尖，基部楔形，全缘。花单生叶腋，具短梗；无花冠；花萼白色或粉红色，花冠状，通常分裂达中部，裂片5枚，倒卵状长圆形，在花蕾中覆瓦状排列；雄蕊5枚，着生花萼基部，与萼片互生；花丝钻形或丝状，花药背着，卵心形，顶端钝；子房卵圆形，花柱丝状，柱头呈小头状。蒴果卵状圆形，顶端稍尖，略呈喙状，下半部为萼筒所包，上部5裂。①②③④

luóbùmá

罗布麻 茶棵子，茶叶花，红麻

Apocynum venetum L.

科属：夹竹桃科，罗布麻属。

生境：野生于盐碱荒地及戈壁荒滩上。

花期：4~9 月。

亚灌木。除花序外全株无毛。叶常对生，窄椭圆形或窄卵形，基部圆或宽楔形，具细齿。花萼裂片窄椭圆形或窄卵形；花冠紫红色或粉红色，花冠筒钟状，被颗粒状凸起，花冠裂片长 3~4 毫米，花盘肉质，5 裂，基部与子房合生。蓇葖果。种子卵圆形或椭圆形。①②③

相近种　白麻 *Apocynum pictum* Schrenk 圆锥状的聚伞花序一至多歧，顶生；花萼 5 裂，花冠骨盆状，下垂，外面粉红色，内面稍带紫色④。

màipíngcǎo

麦瓶草

净瓶，米瓦罐

Silene conoidea L.

科属：石竹科，蝇子草属。

生境：麦田中或荒地草坡。

花期：5~6 月。

一年生草本。茎丛生。基生叶匙形，茎生叶长圆形或披针形，基部楔形。二歧聚伞花序具数朵花；花直立，径约 2 厘米。花萼圆形，绿色，基部脐形，果期膨大，下部宽卵形，萼齿披针形，长为花萼 1/3~1/2；花瓣粉红色，爪不伸出花萼，窄披针形，具耳，瓣片倒卵形，全缘或微啮蚀状；副花冠窄披针形，白色，顶端具浅齿；雄蕊微伸出或内藏；花柱微伸出。①②③

相近种　高雪轮 ***Silene armeria*** L. 复伞房花序，瓣片倒卵形，微凹或全缘④。

ōulǐ

欧李 酸丁，乌拉奈

Cerasus humilis (Bunge) S. Ya. Sokolov

科属：蔷薇科，樱属。

生境：阳坡沙地、山地灌丛中庭院栽培。

花期：4~5 月。

灌木。小枝被短柔毛。叶倒卵状长圆形或倒卵状披针形，有单锯齿或重锯齿，上面无毛，下面浅绿色，侧脉 6~8 对；叶柄长 2~4 毫米，托叶线形，边有腺体，花单生或 2~3 朵簇生，花叶同放。花梗长 0.5~1 厘米；萼筒外面被稀疏柔毛，萼片三角状卵形；花瓣白色或粉红色，长圆形或倒卵形；花柱与雄蕊等长。核果近圆形，熟时红色或紫红色；核除背部两侧外无棱纹。①②③④

tàibáidùjuān

太白杜鹃

Rhododendron purdomii

Rehder & E. H. Wilson

科属：杜鹃花科，杜鹃属。
生境：山坡林中。
花期：5~6 月。

常绿灌木或小乔木。叶革质，长圆状披针形至长圆状椭圆形，先端钝圆，具突尖头，基部楔形，边缘反卷。顶生总状伞形花序，有花 10~15 朵，花萼小，杯状，裂片 5 枚；花冠钟形，淡粉红色或近白色，筒部上方具紫色斑点；雄蕊 10 枚。①②③

相近种　**陇蜀杜鹃** ***Rhododendron przewalskii*** Maxim. 花冠钟状，白色或粉红色，有紫红色斑点，裂片 5 枚，圆形④。

tiānshāndiǎndìméi

天山点地梅

Androsace ovczinnikovii Schischk. & Bobrov

科属：报春花科，点地梅属。

生境：山坡林下和山地草原。

花期：6 月。

多年生草本。由根出条串联的莲座状叶丛形成疏丛。叶无柄，外层叶线形或窄舌形，黄褐色；内层叶线形或线状披针形。花葶高 1.5~4 厘米，伞形花序 3~5 朵花；苞片椭圆形或卵状披针形。花梗与花萼均被白色长柔毛；花萼杯状，分裂近中部，裂片卵形；花冠白色或粉红色，径 4.5~6 毫米，裂片倒卵形，近全缘或先端微凹。①②③

相近种　**白花点地梅** ***Androsace incana*** Lam. 莲座状叶丛形成密丛，根出条的节间短于叶丛；苞片披针形或宽线形④。

tiěkuàizi

黑毛七，九龙丹 # 铁筷子

Helleborus thibetanus Franch.

科属：毛茛科，铁筷子属。
生境：山地林中或灌丛中。
花期：4 月。

易危种。多年生草本。根茎直径约 4 毫米，密生肉质长须根。茎上部分枝，基部具 2~3 枚鞘状叶。基生叶 1 或 2 枚，具长柄；叶肾形或五角形，鸡足状 3 全裂；茎生叶近无柄，叶片较基生叶小，中裂片窄椭圆形，侧裂片不等 2~3 深裂。花 1 或 2 朵生于茎或枝端，基生叶刚抽出时开花。萼片粉红色，果期绿色，椭圆形或窄椭圆形；花瓣 8~10 片，淡黄绿色，筒状漏斗形，具短柄；心皮 2~3 枚，花柱与子房近等长，宿存。蓇葖扁，具横脉。①②③④

yínhuīxuánhuā

银灰旋花

Convolvulus ammannii Desr.

科属：旋花科，旋花属。
生境：干旱山坡草地或路旁。
花期：6~8 月。

多年生草本。根状茎短，木质化，茎少数或多数，平卧或上升。叶互生，线形或狭披针形，先端锐尖，基部狭，无柄。花单生枝端，具细花梗；萼片 5 枚；花冠小，漏斗状，淡玫瑰色或白色带紫色条纹，5 浅裂；雄蕊 5 枚，较花冠短一半，基部稍扩大；雌蕊较雄蕊稍长；花柱 2 裂。蒴果圆形，2 裂。①②

相近种　**田旋花** ***Convolvulus arvensis*** L. 缠绕草本，叶基箭形或心形③。**打碗花** ***Calystegia hederacea*** Wall. 花单生叶腋，苞片 2 枚，卵圆形，包被花萼④。

shāndān

细叶百合 **山丹**

Lilium pumilum Redoute

科属：百合科，百合属。
生境：山坡草地或林缘。
花期：7~8 月。

多年生草本。鳞茎卵形或圆锥形；鳞片长圆形或长卵形，白色。茎有小乳头状突起，有的带紫色条纹。叶散生茎中部，线形，中脉下面突出，边缘有乳头状突起。花单生或数朵成总状花序。花鲜红色，常无斑点，有时有少数斑点，下垂；花被片反卷，蜜腺两侧有乳头状突起；花丝无毛，花药黄色；柱头膨大，3 裂。蒴果长圆形。①②③

相近种　卷丹 *Lilium tigrinum* Ker Gawl. 叶矩圆状披针形或披针形。花 3~6 朵或更多，花被片披针形，橙红色，有紫黑色斑点④。

hóngHuāpóluóménshēn

红花婆罗门参

Tragopogon ruber S. G. Gmel.

科属：菊科，婆罗门参属。

生境：山地、戈壁、山前平原及沙丘。

花期：4~6月。

多年生草本。根垂直直伸，根颈被残存的基生叶叶柄。茎直立，有纵沟纹，不分枝或自基部分枝。叶灰蓝色，基生叶和下部茎叶线形，基部扩大；中部茎叶线状披针形，基部扩大，半抱茎，先端渐尖，边缘皱波状，膜质，向上的渐小。头状花序单生茎顶或枝端，花序梗果期不膨大。总苞圆柱状钟形，果期伸长；总苞片8~10枚，披针形。舌状小花紫色或淡紫色明显长于总苞。瘦果沿肋有尖锐的鳞片状突起，先端渐尖成粗而直的喙。冠毛暗黄褐色。①②③④

qiūyīng

秋英

波斯菊，大波斯菊

Cosmos bipinnatus Cav.

科属：菊科，秋英属。

生境：栽培或逸生于路旁、田埂、溪岸。

花期：6~8 月。

一年生或多年生草本。植株高达 2 米。茎无毛或稍被柔毛。叶二回羽状深裂。头状花序单生，径 3~6 厘米，花序梗长 6~18 厘米；总苞片外层披针形或线状披针形，近革质，淡绿色，具深紫色条纹，内层椭圆状卵形，膜质。舌状花紫红色、粉红色或白色，舌片椭圆状倒卵形；管状花黄色，管部短，上部圆柱形，有披针状裂片。①②③④

xiǎohóngjú

小红菊

Chrysanthemum chanetii H. Lév.

科属：菊科，菊属。

生境：草原、林缘、灌丛、河滩与沟边。

花期：7~10 月。

多年生草本。茎枝疏被毛。中部茎生叶肾形、半圆形、近圆形或宽卵形，常 3~5 掌状或掌式羽状浅裂或半裂，稀深裂，侧裂片椭圆形，顶裂片较大，裂片具齿；上部茎叶椭圆形或长椭圆形，接花序下部的叶长椭圆形或宽线形，羽裂、齿裂或不裂；中下部茎生叶基部稍心形或平截，具长柄。头状花序，径 2.5~5 厘米，排成疏散伞房花序，稀单生茎端；总苞碟形，总苞片 4~5 层；舌状花白色、粉红色或紫色，舌片先端具 2~3 枚齿。瘦果具 4~6 条脉棱。①②③④

měngjiānglíngjú

蒙疆苓菊

Jurinea mongolica Maxim.

科属：菊科，苓菊属。
生境：沙地。
花期：5~8 月。

多年生草本。茎基密被绵毛及残存褐色叶柄。茎粗壮，分枝，茎枝被蛛丝状绵毛至无毛。基生叶长椭圆形或长椭圆状披针形，具长柄，叶羽状深裂、浅裂或齿裂，侧裂片 3~4 对，侧裂片长披针形或长椭圆状披针形，裂片全缘，反卷；茎生叶与基生叶同形，或成披针形或倒披针形并等样分裂或不裂。头状花序大，单生枝端；总苞碗状，绿色或黄绿色，总苞片 4~5 层，革质；苞片革质，直立。花冠红色。瘦果淡黄色，倒圆锥状；冠毛褐色，冠毛刚毛短羽毛状，宿存。①②③④

dàhuāquèrdòu

大花雀儿豆

Chesneya macrantha S. H. Cheng ex H. C. Fu

科属：豆科，雀儿豆属。
生境：干旱山坡。
花期：6 月。

易危种。垫状草本。茎极短缩。羽状复叶长 2~4 厘米，有 7~9 枚小叶；托叶近膜质，卵形，1/2 以下与叶柄基部贴生，宿存；叶柄和叶轴疏被白色开展的长柔毛，宿存并硬化呈针刺状；小叶椭圆形或倒卵形，先端锐尖，具刺尖，基部楔形。花单生；花梗长 4~5 毫米；苞片线形；小苞片与苞片同形；花萼管状，基部一侧膨大呈囊状，萼齿线形，与萼筒近等长，先端亦具腺体；花冠紫红色，旗瓣长约 25 毫米，瓣片长圆形，翼瓣长约 20 毫米，龙骨瓣短于翼瓣。①②③④

húzhīzi

胡枝子

Lespedeza bicolor Turcz.

科属：豆科，胡枝子属。

生境：山坡、林缘、灌丛及林间。

花期：7~9 月。

灌木。叶具 3 枚小叶，草质，卵形，先端圆钝或微凹，具短刺尖。总状花序常构成大型、较疏散的圆锥花序。花萼 5 浅裂，裂片常短于萼筒；花冠红紫色，旗瓣倒卵形，翼瓣近长圆形，具耳和瓣柄，龙骨瓣与旗瓣近等长，基部具长瓣柄。①②

相近种　**美丽胡枝子** ***Lespedeza thunbergii*** subsp. ***formosa*** (Vogel) H. Ohashi 小叶先端急尖至长渐尖；花冠红紫色，各瓣片均具耳和细长瓣柄③。**尖叶铁扫帚** ***Lespedeza juncea*** (L. f.) Pers. 有闭锁花，花冠白色或淡黄色④。

kǔmǎdòu

苦马豆 爆竹花，鸦食花

Sphaerophysa salsula (Pall.) DC.

科属：豆科，苦马豆属。
生境：山坡、草原、荒地、戈壁绿洲。
花期：5~8 月。

半灌木或多年生草本。茎直立或下部匍匐，高达 60 厘米，被或疏或密的白色丁字毛。羽状复叶有 11~21 枚小叶；小叶倒卵形或倒卵状长圆形，先端圆或微凹，基部圆或宽楔形。总状花序长于叶，有 6~16 朵花。花萼钟状，萼齿三角形，被白色柔毛；花冠初时鲜红色，后变紫红色，旗瓣瓣片近圆形，反折，基部具短瓣柄，翼瓣基部具微弯的短柄，龙骨瓣与翼瓣近等长；子房密被白色柔毛，花柱弯曲。荚果椭圆形或卵圆形，膜质，膨胀。

①②③④

shāzhēnjídòu

东北棘豆，鸡嘴豆 砂珍棘豆

Oxytropis racemosa Turcz.

科属：豆科，棘豆属。

生境：沙滩、沙丘、沙质坡地等处。

花期：5~7月。

多年生草本。茎缩短，多头。奇数羽状复叶长5~14厘米；托叶膜质，卵形，被柔毛；叶柄密被长柔毛；小叶6~12枚，每轮4~6枚，长圆形、线形或披针形，先端尖，基部楔形，边缘有时内卷。顶生头状总状花序；苞片披针形，短于花萼，宿存。花萼管状钟形，萼齿线形；花冠红紫色或淡紫红色，旗瓣匙形，先端圆或微凹，基部渐窄成瓣柄，翼瓣卵状长圆形，龙骨瓣长9.5毫米，喙长约1毫米；花柱顶端弯曲。荚果膜质，球状，膨胀，顶端具钩状短喙。①②③④

hóng huā shān zhú zi

红花山竹子

Corethrodendron multijugum

(Maxim.) B. H. Choi & H. Ohashi

科属：豆科，山竹子属。

生境：荒漠洪积扇、山坡以及河滩。

花期：6~8 月。

半灌木。幼枝密被短柔毛。叶柄甚短，密被短柔毛；托叶卵状披针形，下部连合；奇数羽状复叶，小叶 21~41 枚；叶片卵形、椭圆形或倒卵形。总状花序腋生，连花梗长 10~35 厘米；花 9~25 朵，疏生；蝶形花冠紫红色，有黄色斑点，旗瓣和龙骨瓣近等长，翼瓣短。二体雄蕊，花柱弯曲。荚果扁平，节荚斜圆形。①②③

相近种　**短翼岩黄耆** ***Hedysarum brachypterum*** Bunge 总状花序腋生，稍长于叶，花序卵圆形④。

dìhuáng

怀庆地黄，生地 **地黄**

Rehmannia glutinosa

(Gaertn.) Libosch. ex Fisch. & C.A. Mey.

科属：玄参科，地黄属。

生境：沙质壤土、荒山坡、山脚等处。

花期：4~7月。

多年生草本。根茎肉质，鲜时黄色。茎紫红色。叶通常在茎基部集成莲座状，向上则强烈缩小成苞片，或逐渐缩小而在茎上互生；叶卵形或长椭圆形，上面绿色，下面稍带紫色或紫红色，边缘具不规则齿，基部渐窄成柄。花序上升或弯曲，在茎顶部略排成总状花序，或全部单生叶腋。花萼具10条隆起的脉，萼齿5枚；花冠筒多少弓曲，外面紫红色，裂片5枚，先端钝或微凹，内面黄紫色，外面紫红色；雄蕊4枚；花柱顶部扩大成2枚片状柱头。①②③④

dìyú

地榆 黄爪香，山枣子，玉札

Sanguisorba officinalis L.

科属：蔷薇科，地榆属。

生境：草地、灌丛中、疏林下。

花期：7~10月。

多年生草本。茎有棱。基生叶为羽状复叶，小叶4~6对；小叶有短柄，卵形或长圆状卵形，先端圆钝稀急尖，基部心形或浅心形，有粗大圆钝稀急尖锯齿，两面绿色；茎生叶较少，小叶长圆形或长圆状披针形，先端急尖。穗状花序椭圆形、圆柱形或卵圆形，直立，从花序顶端向下开放。苞片膜质，披针形，比萼片短或近等长；萼片4枚，紫红色，椭圆形或宽卵形；雄蕊4枚，花丝丝状，与萼片近等长或稍短；柱头盘形，具流苏状乳头。

①②③④

hóngshā

枇杷柴 **红砂**

Reaumuria soongarica (Pall.) Maxim.

科属：柽柳科，红砂属。

生境：荒漠地区的平原上和戈壁侵蚀面上。

花期：7~8 月。

小灌木。多分枝，树皮为不规则的波状剥裂，小枝多拐曲。叶肉质，短圆柱形，鳞片状，上部稍粗，常微弯，先端钝，浅灰蓝绿色，具点状的泌盐腺体，常 4~6 枚簇生在叶腋缩短的枝上。花单生叶腋或在幼枝上端集为少花的总状花序状；花瓣 5 枚，白色略带淡红色；雄蕊 6~8 枚，分离；子房椭圆形，花柱 3 个。蒴果长椭圆形或纺锤形，或三棱锥形。①②③④

lúshícǎo

驴食草 红豆草，红羊草

Onobrychis viciifolia Scop.

科属：豆科，驴食豆属。

生境：栽培或逸生。

花期：6~7 月。

多年生草本。茎直立，中空，被向上贴伏的短柔毛。小叶 13~19 枚，几无小叶柄；小叶片长圆状披针形或披针形。总状花序腋生，明显超出叶层，在开花前具丛生毛；花多数，长 9~11 毫米，具短花梗；萼钟状，萼齿披针状钻形，长为萼筒的 2~2.5 倍，下萼齿较短；蝶形花冠玫瑰紫色。荚果具 1 个节荚，节荚半圆形，上部边缘具或尖或钝的刺。①②③④

wǎsōng

狗指甲，流苏瓦松 **瓦松**

Orostachys fimbriata (Turcz.) A. Berger

科属：景天科，瓦松属。

生境：山坡石上或屋瓦上。

花期：8~9月。

二年生草本。一年生莲座丛的叶短；莲座叶线形，先端增大，为白色软骨质，半圆形，有齿；二年生花茎一般高 10~20 厘米，低的只有 5 厘米，高的有时达 40 厘米；叶互生，疏生，有刺，线形至披针形。花序总状，紧密，或下部分枝，可呈宽 20 厘米的金字塔形；苞片线状渐尖；花梗长达 1 厘米，萼片 5 枚，长圆形；花瓣 5 枚，红色，披针状椭圆形，先端渐尖；雄蕊 10 枚，与花瓣同长或稍短，花药紫色；鳞片 5 个，近四方形，先端稍凹。①②③④

duōhuāmùlán

多花木蓝

Indigofera amblyantha Craib

科属：豆科，木蓝属。

生境：草地、沟边、灌丛中及林缘。

花期：5~7 月。

直立灌木。茎圆柱形，幼枝禾秆色，具棱。羽状复叶长约 18 厘米；叶柄长 2~5 厘米；托叶微小，三角状披针形。小叶 3~5 对，对生，稀互生，形状多变，常为卵状长圆形、长圆状椭圆形，先端圆钝，基部楔形或宽楔形。总状花序长 11~15 厘米，近无花序梗。花萼长约 3.5 毫米，两侧萼齿稍短，上方萼齿最短；花冠淡红色，旗瓣倒宽卵形，略短于翼瓣，翼瓣长约 7 毫米，龙骨瓣较翼瓣短，距长 1 毫米。荚果圆柱形，被“丁”字毛。①②③④

hébāomǔdān

耳环花，土当归 **荷包牡丹**

Lamprocapnos spectabilis

(L.) Fukuhara

科属：罂粟科，荷包牡丹属。

生境：湿润草地和山坡。

花期：4~6 月。

直立草本。茎带紫红色。叶三角形，二回三出全裂，一回裂片具长柄，中裂片柄较侧裂片柄长，二回裂片近无柄，2 或 3 裂，小裂片常全缘，下面被白粉，两面叶脉明显；具长柄。总状花序长约 15 厘米，具 8~11 朵花，于花序轴一侧下垂。具花梗；苞片钻形或线状长圆形；萼片披针形，玫瑰色，早落；外花瓣紫红色或粉红色，稀白色，下部囊状，具脉纹，上部窄向下反曲，内花瓣稍匙形，先端紫色，鸡冠状突起高达 3 毫米，爪长圆形或倒卵形，白色。①②③④

hòuyèyánbáicài

厚叶岩白菜

Bergenia crassifolia (L.) Fritsch

科属：虎耳草科，岩白菜属。

生境：落叶松林下或阳坡石隙。

花期：5~9 月。

多年生草本。根状茎粗壮，具鳞片和枯残托叶鞘。花序分枝、花梗、托杯和萼片均疏生近无柄腺毛。叶基生；叶片革质，倒卵形、狭倒卵形、阔倒卵形或椭圆形。聚伞花序圆锥状，具多花；花瓣红紫色，椭圆形至阔卵形，先端微凹，基部变狭成长约 1 毫米的爪，多脉；雄蕊长约 4.5 毫米；子房卵圆形，花柱 2 个。①②③④

zhōnghuáxiùxiànméi

华南梨 **中华绣线梅**

Neillia sinensis Oliv.

科属：蔷薇科，绣线梅属。
生境：山坡、山谷或沟边杂木林中。
花期：5~6 月。

灌木。高达 2 米。叶卵形至卵状长圆形，先端长渐尖，基部圆形或近心形，稀宽楔形，有重锯齿，常不规则分裂，稀不裂；叶柄长 0.7~1.5 厘米，托叶线状披针形或卵状披针形，早落。总状花序长 4~9 厘米。具短花梗；花径 6~8 毫米；被丝托筒状，萼片三角形，先端尾尖；花瓣淡粉色，倒卵形，长约 3 毫米；雄蕊 10~15 枚，着生在被丝托边缘；心皮 1~2 枚，子房具~5 粒胚珠，顶端有毛，花柱直立。蓇葖果长椭圆形。①②③④

lángdú

狼毒

***Stellera chamaejasme* L.**

科属：瑞香科，狼毒属。

生境：高山草坡、草坪或河滩台地。

花期：4~6 月。

多年生草本。根茎粗大；茎丛生，不分枝，草质。叶互生，稀对生或近轮生，披针形或椭圆状披针形，先端渐尖或尖，基部圆，全缘，侧脉4~6 对；叶柄基部具关节。头状花序顶生，具绿色叶状苞片。花黄色、白色或下部带紫色，芳香；萼筒纤细，具明显纵脉，基部稍膨大，裂片 5 枚长圆形，先端圆，常具紫红色网状脉纹；雄蕊 10 枚，2 轮，下轮着生于花萼筒中部以上，上轮着生于花萼筒喉部，花药微伸出。果圆锥状，为萼筒基部包被；果皮淡紫色，膜质。①②③④

xiāngjiámí

香荚蒾

探春，香探春，野绣球

Viburnum farreri Stearn

科属：五福花科，荚蒾属。

生境：山谷林中。

花期：4~5 月。

落叶灌木。冬芽椭圆形，顶尖，有 2~3 对鳞片。叶纸质，椭圆形或菱状倒卵形。圆锥花序生于能生幼叶的短枝之顶，有多数花，幼时略被细短毛，后变无毛，花先叶开放，芳香；花冠蕾时粉红色，开后变白色，高脚碟状；雄蕊生于花冠筒内中部以上，着生点不等高，花丝极短或不存在，花药黄白色，近圆形；柱头 3 裂。果实紫红色，矩圆形；核扁，有 1 条深腹沟。①②③④

guàkǔxiùqiú

挂苦绣球 黄脉绣球

Hydrangea xanthoneura Diels

科属：虎耳草科，绣球属。

生境：山腰密林或疏林中或山顶灌丛中。

花期：7 月。

灌木或小乔木。叶纸质或厚纸质，椭圆形、长卵形或倒长卵形，先端短渐尖或骤尖，基部宽楔形或近圆形，密生尖齿，叶脉常带黄色；叶柄长 1.5~5 厘米。伞房状聚伞花序直径 10~20 厘米，被毛。不育花萼片 4 枚；孕性花萼筒浅杯状，萼齿三角形，与萼筒近等长；花瓣白色或淡绿色，长卵形；雄蕊 10~13 枚，不等长；子房大半下位，花柱 3~4 个，果时长约 1 毫米。蒴果卵圆形，顶端突出部分圆锥形。①②③④

zǐlùcǎo

紫露草

Tradescantia reflexa Raf.

科属：鸭跖草科，紫万年青属。

生境：栽培或逸生。

花期：6~9 月。

多年生草本。茎多分枝，带肉质，紫红色，下部匍匐状，节上常生须根，上部近于直立。叶互生，披针形，全缘，基部抱茎而生叶鞘，下面紫红色。花密生在二叉状的花序柄上，下具线状披针形苞片；萼片 3 枚，绿色，卵圆形，宿存，花瓣 3 枚，蓝紫色，广卵形；雄蕊 6 枚，能育 2 枚，退化 3 枚，另有 1 枚花丝短而纤细，无花药；雌蕊 1 枚，子房卵形，3 室，花柱丝状而长，柱头头状。蒴果椭圆形，有 3 条隆起棱线。①②③④

jùhécǎo

聚合草 爱国草，友谊草

Symphytum officinale L.

科属：紫草科，聚合草属。

生境：山地。

花期：5~10 月。

多年生丛生草本。主根粗壮，淡紫褐色。茎数条，直立或斜升，多分枝。基生叶 50~80 枚，基生叶及下部茎生叶带状披针形、卵状披针形或卵形，稍肉质，先端渐尖，具长柄；茎中部及上部叶较小，基部下延，无柄。花序具多朵花。花萼裂至近基部；花冠长约 1.4 厘米，淡紫色、紫红色或黄白色，裂片三角形，先端外卷，喉部附属物长约 4 毫米；花丝下部与花药近等宽；子房常不育，稀少数花内具 1 个成熟小坚果，花柱伸出。①②③④

zǐhuāsuìmǐjì

石芥菜 # 紫花碎米荠

Cardamine tangutorum O. E. Schulz

科属：十字花科，碎米荠属。
生境：高山山沟草地及林下阴湿处。
花期：5~8 月。

多年生草本。根状茎细长，无匍匐茎。茎单一。基生叶叶柄长达 12 厘米，复叶羽状，小叶 3~5 对，顶生小叶与侧生小叶相似，长椭圆形，先端尖，基部楔形，有锯齿，无小叶柄，疏生短毛；茎生叶 1~3 枚，生于茎中上部，叶柄基部无耳，侧生小叶基部不下延。花序顶生。萼片外面带紫色；花瓣紫色或淡紫色，先端平截，基部渐窄成爪；花丝扁。长角果，果柄直立。①②③④

běishuǐkǔmǎi

北水苦荬 仙桃草

Veronica anagallis-aquatica L.

科属：玄参科，婆婆纳属。

生境：水边或沼泽地。

花期：4~9 月。

多年生草本。茎直立或基部倾斜，高 1 米。叶无柄，上部叶半抱茎，椭圆形或长卵形，稀卵状长圆形或披针形，全缘或有疏小锯齿。花序比叶长，多花，花序通常不宽于 1 厘米。花梗与苞片近等长，果期弯曲向上，使蒴果靠近花序轴；花萼裂片卵状披针形，果期不紧贴蒴果；花冠浅蓝色、浅紫色或白色，径 4~5 毫米，裂片宽卵形；雄蕊短于花冠。蒴果近圆形，长宽近相等，几与宿存花萼等长，顶端圆钝而微凹，花柱宿存。①②③④

dàhuǒcǎo

大头翁，野棉花 **大火草**

Anemone tomentosa (Maxim.) C. P'ei

科属：毛茛科，银莲花属。
生境：山地草坡或路边阳处。
花期：7~10 月。

多年生草本。植株高达 1.5 米，具根茎。基生叶 3~4 枚，具长柄，三出复叶，有时 1~2 枚叶；小叶卵形或三角状卵形，基部浅心形，3 浅裂至 3 深裂，具不规则小裂片及小齿，下面密被绒毛。花葶与叶柄均被绒毛；聚伞花序长达 38 厘米，二至三回分枝；苞片 3 枚，似基生叶，具柄，3 深裂，有时为单叶。萼片 5 枚，淡粉红色或白色，雄蕊多数；心皮 400~500 枚，密被绒毛。瘦果长 3 毫米，具细柄，被绵毛。①②③④

dōngkuí

冬葵 葵菜，薪菜，皱叶锦葵

Malva verticillata var. ***crispa*** L.

科属：锦葵科，锦葵属。

生境：栽培，多逸生。

花期：5~9月。

一年或二年生草本。茎直立，不分枝，被柔毛。叶近圆形，常5~7裂，裂片三角状圆形，具锯齿，并极皱曲，两面无毛或疏被糙伏毛或星状毛；叶柄疏被柔毛，托叶卵状披针形，被星状柔毛。花小，单生或数朵簇生叶腋，近无花梗或梗极短；小苞片3枚，线状披针形；花萼浅杯状，5裂，裂片三角形，疏被星状柔毛；花冠白色或淡紫红色；花瓣5枚，较萼片略长。分果扁圆形，分果爿10~11个，背面平滑，两侧具网纹。种子肾形，暗褐色。①②③④

hècǎo

鹤草

蚊子草，蝇子草

Silene fortunei Vis.

科属：石竹科，蝇子草属。

生境：平原、灌丛、草地、林下或沟边。

花期：6~8 月。

多年生草本。根粗壮。茎丛生，多分枝，分泌黏液。基生叶倒披针形，中上部叶披针形，基部渐窄成柄状。聚伞圆锥花序，小聚伞花序对生，具 1~3 朵花，有黏质，苞片线形。具短花梗；雌雄蕊柄果期伸长；花瓣粉红色，爪微伸出花萼，倒针形，瓣片平展，楔状倒卵形，2 裂达 1/2 或更深，裂片撕裂状条裂；喉部具 2 枚小鳞片；雄蕊、花柱微伸出。蒴果长圆形，较宿萼短或近等长。①②③④

lánhuālǎoguàncǎo

蓝花老鹳草

Geranium pseudosibiricum J. Mayer

科属：牻牛儿苗科，老鹳草属。
生境：山地草、河谷泛滥地、林缘等。
花期：7~8 月。

多年生草本。茎下部仰卧。叶对生，肾圆形，掌状 5~7 裂近基部，裂片菱形或倒卵状楔形，上部羽状浅裂至深裂，下部小裂片条状卵形，具 1~2 枚齿。花序梗腋生，具 1~2 朵花。花梗长为花 1.5~2 倍；萼片卵形或椭圆状长卵形；花瓣宽倒卵形，紫红色，长为萼片 2 倍；雄蕊稍长于萼片，花药褐色，花柱暗紫红色。①②③

相近种　**毛蕊老鹳草** ***Geranium platyanthum*** Duthie 花瓣淡紫红色，宽倒卵形或近圆形，向后反折④。

nèiměngyědīngxiāng

内蒙野丁香

Leptodermis ordosica
H. C. Fu & E. W. Ma

科属：茜草科，野丁香属。
生境：岩石裂缝中。
花期：7~8月。

易危种。多枝小灌木。叶厚纸质，长圆形或椭圆形，先端短尖或稍钝，基部楔形，边缘常稍反卷；叶柄短或近无柄，托叶三角状卵形或卵状披针形，被缘毛。花近无梗，1~3 朵簇生枝顶和近枝顶叶腋；小苞片合生，先端尾尖，有疏缘毛。花萼裂片 5 枚，长圆状披针形，与萼筒近等长或稍短，被缘毛；花冠紫红色，芳香，漏斗形，裂片 4~5 枚，卵状披针形；雄蕊 4~5 枚，生于冠管喉部以上，花药稍伸出；柱头 3 个。①②③④

qīngqǐ

青杞 蜀羊泉，野茄子

Solanum septemlobum Bunge

科属：茄科，茄属。

生境：喜生长于山坡向阳处。

花期：6~10 月。

多年生草本。茎直立，多分枝，近无毛或被白色短柔毛。单叶互生；叶片轮廓呈卵形，通常不整齐羽状 7 深裂，裂片宽条形或披针形，先端尖。二歧聚伞花序顶生或腋生；花梗纤细；花萼小，杯状，5 裂，裂片三角形；花冠蓝紫色，5 裂，裂片矩圆形；雄蕊 5 枚。浆果近圆形，熟时红色。①②③

相近种 **龙葵** ***Solanum nigrum*** L. 蝎尾状花序腋外生，萼小，浅杯状，齿卵圆形，先端圆；花冠白色，筒部隐于萼内，冠檐 5 深裂④。

qúmài

瞿麦

Dianthus superbus L.

科属：石竹科，石竹属。
生境：林地、草甸、沟谷溪边。
花期：6~9 月。

多年生草本。茎丛生，直立，绿色，上部分枝。叶线状披针形，基部消状，绿色，有时带粉绿色。花 1~2 朵顶生，有时顶下腋生。苞片 2~3 对，刨卵形；花萼筒形，常带红紫色，萼齿披针形；花瓣淡红色或带紫色，稀彐色，爪内藏，瓣片宽倒卵形，边缘缝裂至中部或中部以上，喉部具髯毛；隹蕊及花柱微伸出。蒴果筒形，与宿萼等长或稍长，顶端 4 裂。①②③

相近种　石竹 ***Dianthus chinensis*** L. 花单生或成聚伞花序；花瓣倒卵状三角形，戋齿裂，多色④。

wújùlóudǒucài

无距耧斗菜

Aquilegia ecalcarata Maxim.

科属：毛茛科，耧斗菜属。

生境：山地林下或路旁。

花期：5~6 月。

多年生草本。茎疏被柔毛。基生叶数枚，具长柄，二回三出复叶；小叶宽菱形、楔状倒卵形或扇形，3 裂，裂片具 2~3 枚齿；茎生叶 1~3 枚，较小。花序具 2~3 朵花。花梗长达 5 厘米；萼片紫色，窄卵形；花瓣瓣片长方状椭圆形，与萼片近等长，顶端近截形，直立，无距；雄蕊长约为萼片之半；心皮 4~5 枚。蓇葖果。①②③

相近种　**耧斗菜** ***Aquilegia viridiflora*** Pall. 萼片黄绿色，窄卵形；花瓣黄绿色，瓣片宽长圆形，距长 1~2 厘米，直或稍弯④。

xuěshānbàochūn

雪山报春

Primula nivalis Pall.

科属：报春花科，报春花属。
生境：高山草地和山谷阴处沼泽地。
花期：6 月。

多年生草本。叶丛基部由鳞片、叶柄包叠成假茎状。叶椭圆形至矩圆状卵形或矩圆状披针形，先端钝或稍锐尖，基部渐狭窄，边缘具近于整齐的小钝牙齿；叶柄具阔翅，通常稍短于叶片。花葶果期伸长；伞形花序 1 轮，通常具 8~20 朵花；花梗果期延长；花萼筒状，分裂约达中部；花冠蓝紫色或紫色，冠筒喉部具环状附属物，冠檐裂片矩圆形，全缘。①②③

相近种　**寒地报春** ***Primula algida*** Adams 叶柄散开；伞形花序近头状；花冠蓝紫色，稀白色④。

měnggǔbáitóuwēng

蒙古白头翁

Pulsatilla ambigua (Turcz. ex Hayek) Juz.

科属：毛茛科，白头翁属。

生境：高山草地。

花期：7月。

多年生草本。基生叶 6~8 枚，具长柄；叶卵形，3 全裂，羽片 3 对，一回中裂片具细柄，宽卵形，再 3 全裂，二回中裂片具细柄，五角形二回细裂，末回裂片窄披针形，二回侧全裂片和一回侧全裂片相似，均无柄。花葶 1~2 枝；苞片 3 枚，基部连成短筒，裂片披针形或线状披针形。具长花梗；花直立；萼片紫色，长圆状卵形；雄蕊长约萼片之半。①②③

相近种　**白头翁** ***Pulsatilla chinensis*** (Bunge) Regel 叶的中全裂片三深裂，萼片蓝紫色④。

āěrtàigǒuwáhuā

阿尔泰紫菀 # 阿尔泰狗娃花

Aster altaicus Willd.

科属：菊科，紫菀属。

生境：草原、荒漠地、沙地及干旱山地。

花期：5~9月。

多年生草本。茎直立，被上曲或开展毛，上部常有腺，上部或全部有分枝。下部叶线形、长圆状披针形、倒披针形或近匙形，全缘或有疏浅齿；上部叶线形。头状花序单生枝端或排成伞房状；总苞半圆形，总苞片2~3层，长圆状披针形或线形。舌状花15~20朵，舌片浅蓝紫色，长圆状线形，管状花裂片不等大。瘦果扁，倒卵状长圆形，灰绿色或浅褐色；冠毛污白色或红褐色。①②③④

lánpénhuā

蓝盆花 山萝卜

Scabiosa comosa Fisch. ex Roem. & Schult.

科属：川续断科，蓝盆花属。
生境：山坡草地或荒坡上。
花期：7~8 月。

多年生草本。茎自基部分枝。根粗壮，木质。基生叶簇生，叶片卵状披针形至椭圆形，先端急尖或钝，偶成深裂，基部楔形；叶柄较长；茎生叶对生，羽状深裂至全裂。头状花序在茎上部成三出聚伞状，具长总花梗，花时扁圆形；总苞片 10~14 枚，披针形；花托苞片披针形；萼片 5 裂，刚毛状，基部五角星状，棕褐色；边花花冠二唇形，蓝紫色，筒部裂片 5 枚，不等大；中央花筒状；雄蕊 4 枚，花开时伸出花冠筒外，花药长圆形，紫色；花柱细长，伸出花外。①②③④

cìgēda

青海鳍蓟 刺疙瘩

Olgaea tangutica Iljin

科属：菊科，蝟菊属。
生境：灌丛或草坡、河滩地及荒地。
花期：6~9 月。

多年生草本。茎有长分枝，茎生叶基部两侧沿茎下延成茎翼。基生叶线形或线状长椭圆形，羽状浅裂或深裂，侧裂片约 10 对，有 3 枚刺齿，基部渐窄成叶柄；茎生叶与基生叶同形，等样分裂或边缘具刺齿或针刺；最上部叶或接头状花序下部的叶最小；叶及茎翼革质。头状花序单生枝端；总苞钟状，总苞片多层，先端针刺状渐尖。小花紫色或蓝紫色。瘦果楔状长椭圆形，淡黄白色，有浅棕色色斑；冠毛多层，褐色或浅土红色，冠毛刚毛糙毛状。①②③④

dǐngyǔjú

顶羽菊

Rhaponticum repens (L.) Hidalgo

科属：菊科，漏芦属。

生境：山坡、丘陵、平原等处。

花期：5~9 月。

多年生草本。茎基部分枝，茎枝被蛛丝毛，叶稠密。茎生叶长椭圆形、匙形或线形，全缘或疏生不明显细齿，或羽状半裂，侧裂片三角形或斜三角形。头状花序在茎枝顶端排成伞房或伞房状圆锥花序；总苞卵圆形或椭圆状卵圆形，总苞片约 8 层。小花均两性，管状，花冠粉红色或淡紫色；花药基部附属物小；花柱分枝细长，顶端钝，花柱中部有毛环。瘦果倒长卵圆形，扁，淡白色；冠毛白色，多层，内层较长，冠毛刚毛基部不连合成环，边缘短羽毛状。①②③④

huāhuāchái

胖姑娘娘 花花柴

Karelinia caspia (Pall.) Less.

科属：菊科，花花柴属。

生境：戈壁滩地、沙丘、草甸盐碱地等处。

花期：7~9 月。

多年生草本。茎粗壮，多分枝，中空。叶卵圆形、长卵圆形或长椭圆形，基部有圆形或戟形小耳，抱茎，全缘或疏生不规则短齿，近肉质，两面被糙毛至无毛。头状花序 3~7 朵排成伞房状；总苞卵圆形或短圆柱形，总苞片约 5 层，外层卵圆形，内层长披针形，外面被短毡状毛。小花黄色或紫红色；雌花花冠丝状，花柱分枝细长；两性花花冠细管状；冠毛白色，雌花冠毛纤细，有疏齿，两性花及雄花冠毛上端较粗厚，有细齿。瘦果圆柱形。①②③④

liánzuòjì

莲座蓟

Cirsium esculentum (Siev.) C. A. Mey.

科属：菊科，蓟属。

生境：平原或山地潮湿地或水边。

花期：8~9 月。

多年生无茎草本。莲座状叶倒披针形、椭圆形或长椭圆形，羽状半裂、深裂或几全裂，基部渐窄成有翼叶柄，侧裂片 4~7 对，侧裂片偏斜卵形、半椭圆形或半圆形，有三角形刺齿及针刺，基部侧裂片常针刺状，叶两面绿色。头状花序集生莲座状叶丛中；总苞钟状，总苞片约 6 层，覆瓦状排列。小花紫色，花冠长 2.7 厘米，檐部长 1.2 厘米，细管部长 1.5 厘米。瘦果淡黄色，楔状长椭圆形，扁；冠毛白色或稍褐黄色。①②③④

lòulú

郎头花，祁州漏芦 漏芦

Rhaponticum uniflorum (L.) DC.

科属：菊科，漏芦属。

生境：山坡丘陵地、松林下或桦木林下。

花期：6~7月。

多年生草本。茎簇生或单生，灰白色。基生叶及下部茎生叶椭圆形、长椭圆形、倒披针形，羽状深裂，侧裂片5~12对，椭圆形或倒披针形，有锯齿或二回羽状分裂，具长柄；中上部叶渐小，与基生叶及下部叶同形并等样分裂，有短柄；叶柔软，两面灰白色。头状花序单生茎顶；总苞半圆形，总苞片约9层，先端有膜质宽卵形附属物，浅褐色。小花均两性，管状，花冠紫红色。瘦果楔状；冠毛褐色，多层，向内层渐长，糙毛状。①②③④

máotóuniúbàng

毛头牛蒡

Arctium tomentosum Mill.

科属：菊科，牛蒡属。

生境：山坡草地。

花期：7~9 月。

二年生草本。有粗壮的根；叶互生，心形，具长柄，背面被白色绵毛；头状花序，多数在茎枝顶端排成大型伞房花序或头状花序，少数排成总状或圆锥状伞房花序，两性，紫红色；总苞卵形或卵圆形；苞片先端有钩刺；花序托有刺毛；瘦果浅褐色，倒长卵形或偏斜倒长卵形，光滑无毛；冠毛短，丰富，有锯齿，脱落。①②③

相近种　牛蒡 ***Arctium lappa*** L. 头状花序排成伞房或圆锥状伞房花序，花序梗粗；总苞卵形或卵圆形，小花紫红色，花冠外面无腺点④。

shuǐfēijì

水飞蓟

老鼠筋，奶蓟，水飞雉

Silybum marianum (L.) Gaertn.

科属：菊科，水飞蓟属。

生境：栽培或逸生。

花期：5~10月。

一年生或二年生草本。莲座状基生叶与下部茎生叶有柄，椭圆形或倒披针形，羽状浅裂至全裂；中部与上部叶渐小，长卵形或披针形，羽状浅裂或边缘浅波状圆齿裂，最上部茎生叶更小，不裂，披针形；叶两面绿色，具白色花斑，质薄。头状花序生枝端；总苞圆形或卵圆形，总苞片6层。小花红紫色，稀白色。瘦果扁，长椭圆形或长倒卵圆形，长7毫米，有线状长椭圆形深褐色斑；冠毛白色，锯齿状，最内层冠毛极短，柔毛状。①②③④

sīmáofēilián

丝毛飞廉 飞簾

Carduus crispus L.

科属：菊科，飞廉属。

生境：山坡草地、田间、荒地河旁及林下。

花期：2~10 月。

二年生草本。茎直立，有纵条纹，具绿色的翅，翅有刺齿。下部叶椭圆状披针形，裂片边缘有刺，表面绿色，背面初具蛛丝状毛，后变光滑。头状花序常 2~3 个，着生于枝顶；总苞钟形，总苞片多层，外层较内层短，中层线状披针形，顶端长尖或刺状，向外反曲，内层线形，边缘白色，膜质，顶端紫色；花全为管状花，两性，紫红色，先端 5 裂；雄蕊 5 枚；柱头 2 裂。瘦果长椭圆形，顶端平截，基部收缩，冠毛白色或灰白色，刺毛状，稍粗糙。①②③④

rǔjù

苦菜，蒙山莴苣 **乳苣**

Lactuca tatarica (L.) C. A. Mey.

科属：菊科，莴苣属。

生境：河滩、湖边、草甸、沙丘或砾石地。

花期：6~9 月。

多年生草本。茎枝无毛。中下部茎生叶长椭圆形、线状长椭圆形或线形，基部渐窄成短柄或无柄，羽状浅裂、半裂或有大锯齿，侧裂片 2~5 对，侧裂片半椭圆形或偏斜三角形，顶裂片披针形或长三角形；向上的叶与中部叶同形或宽线形；两面无毛，裂片全缘或疏生小尖头或锯齿。头状花序排成圆锥花序；总苞圆柱状或楔形；总苞片 4 层，带紫红色。舌状小花紫色或紫蓝色。瘦果长圆状披针形，灰黑色；冠毛白色。①②③④

zǐbāoxuělián

紫苞雪莲 紫苞风毛菊

Saussurea iodostegia Hance

科属：菊科，风毛菊属。

生境：山坡草地、草甸、林缘、盐沼泽。

花期：7~9 月。

多年生草本。基生叶线状长圆形，基部渐窄成长 7~9 厘米叶柄，柄基鞘状，边缘疏生细锐齿；茎生叶披针形或宽披针形，无柄，基部半抱茎，边缘疏生细齿，最上叶茎苞叶状，椭圆形，膜质，紫色，包被总花序。头状花序密集成伞房状总花序；总苞宽钟状，总苞片 4 层，全部或上部边缘紫色，外层卵形或三角状卵形，中层披针形或卵状披针形，内层线状披针形或线状椭圆形。小花紫色。瘦果长圆形，淡褐色；冠毛淡褐色，2 层。①②③④

gāncǎo

甘草

国老，甜草，甜根子

Glycyrrhiza uralensis Fisch. ex DC.

科属：豆科，甘草属。

生境：沙地、河岸、草地及盐渍化地。

花期：6~8 月。

多年生草本。根与根状茎粗壮，外皮褐色，里面淡黄色。茎密被鳞片状腺点、刺毛状腺体和柔毛。羽状复叶叶柄密被褐色腺点和短柔毛；小叶~17 枚，卵形、长卵形或近圆形，基部圆，先端钝，全缘或微呈波状。总状花序腋生。花萼钟状，基部一侧膨大，萼齿 5 枚，上方 2 枚大部分连合；花冠紫色、白色或黄色；子房密被刺毛状腺体。荚果线形，弯曲呈镰刀状或环状，外面有瘤状突起和刺毛状腺体，密集成球状。种子圆形或肾形。①②③④

guǎngbùxiǎohóngménlán

广布小红门兰 库莎红门兰

Ponerorchis chusua (D. Don) Soo

科属：兰科，小红门兰属。

生境：林地、灌丛、草地或高山草甸中。

花期：6~8 月。

地生草本。块茎长圆形或圆形，肉质。茎直立，具 2~3 枚叶，叶长圆状披针形至线形，上面无紫斑，先端尖或渐尖，基部鞘状抱茎。花序具1~20 朵花，多偏向一侧。苞片披针形或卵状披针形；花紫红色或粉红色；中萼片直立，舟状，与花瓣靠合呈兜状，侧萼片向后反折，斜卵状披针形；花瓣直立，斜窄卵形至宽卵形，前侧近基部膨出，与中萼片靠合呈兜状；唇瓣前伸，较萼片长和宽，3 裂；距圆筒状或圆筒状锥形，常向后斜展或近平展。①②③④

luòtuocì

骆驼刺

Alhagi sparsifolia Shap. ex Keller & Shap.

科属：豆科，骆驼刺属。

生境：荒漠地区的沙地、河岸、农田边。

花期：6~7 月。

亚灌木。茎直立，具细条纹，从基部分枝；枝条平行上升。叶互生，卵形至倒圆卵形，先端圆，具短硬尖，基部楔形，全缘，具短柄。总状花序腋生，花序轴变成坚硬的锐刺，刺长为叶的 2~3 倍，刺上具 3~6 朵花。花长 0.8~1 厘米；苞片钻状；花萼钟状，萼齿三角状，长为萼筒的 1/3~1/4；花冠深紫红色，旗瓣倒长卵形，先端钝圆或截平，基部楔形，具短瓣柄，翼瓣长圆形，长为旗瓣的 3/4，龙骨瓣与旗瓣约等长。荚果线形，常弯曲。①②③④

māotóucì

猫头刺 鬼见愁，老虎爪子

Oxytropis aciphylla Ledeb.

科属：豆科，棘豆属。

生境：砾石质地、丘陵坡地及沙荒地等处。

花期：5~6 月。

矮小垫状亚灌木。茎多分枝。偶数羽状复叶，叶轴顶端针刺状，宿存；小叶 5~7 枚，线形，先端渐尖，基部楔形，边缘常内卷；托叶膜质，彼此合生，下部与叶柄贴生，先端截形。总状花序腋生，具 1~2 朵花；苞片膜质，钻状披针形。花萼筒状，花后稍膨胀；花冠红紫色、蓝紫色或白色；旗瓣倒卵形，较长，基部渐窄成瓣柄，翼瓣长 1.2~2 厘米，龙骨瓣长 1.1~1.2 厘米，具极短的喙；子房圆柱形，花柱顶端弯曲。荚果硬革质，长圆形。①②③④

xiǎnshēngmǎxiānhāo

藓生马先蒿

Pedicularis muscicola Maxim.

科属：玄参科，马先蒿属。
生境：杂林、冷杉林的苔藓层中。
花期：5~7 月。

多年生草本。多毛。根茎粗，顶端有宿存鳞片。茎丛生，中间者直立，外层多弯曲上升或倾卧。叶柄有疏长毛；叶椭圆形或披针形，羽状全裂，裂片 4~9 对，有重锐齿，上面被毛。花腋生。花梗长达 1.5 厘米；花萼圆筒形，前方不裂，萼齿 5 枚，上部卵形，有锯齿；花冠玫瑰色，上唇近基部向左扭折，顶部向下，喙向上卷曲成 S 形，下唇宽达 2 厘米，中裂片长圆形；花丝均无毛，花柱稍伸出喙端。蒴果偏卵形，为宿萼所包。①②③④

tǎluòshānzhúzi

塔落山竹子

Corethrodendron lignosum

var. ***laeve*** (Maxim.) L. R. Xu & B. H. Choi

科属：豆科，山竹子属。

生境：流沙地或半固定沙丘和沙地。

花期：7~8 月。

灌木。根入土深达 2 米。奇数羽状复叶，小叶 9~17 枚，条形或条状长圆形。总状花序腋生，具 4~10 朵花；花紫红色，花萼钟形，萼齿长短不一，花冠蝶形，旗瓣倒卵形，先端微凹，翼瓣小，龙骨瓣长于翼瓣而短于旗瓣；子房无毛。荚果通常具 2~3 个荚节，有时仅一节发育，无毛和刺。种子圆形，黄褐色。①②③④

zǎokāijǐncài

早开堇菜

Viola prionantha Bunge

科属：堇菜科，堇菜属。
生境：山坡草地、溪边、屋旁。
花期：3~4 月及 10 月。

多年生草本。叶基生，叶片长圆状卵形或卵形；初出叶少，后出叶长；叶基部钝圆形，叶缘具钝锯齿；托叶基部和叶柄合生，叶柄上部具翅。花梗超出叶，小苞片 2 枚，生花梗中部；萼片 5 枚，基部有附属物，有小齿；花瓣 5 片；子房无毛，花柱基部微曲。蒴果椭圆形，3 瓣裂。①②③④

bùdàilán

布袋兰

Calypso bulbosa

var. ***speciosa*** (Schltr.) Makino

科属：兰科，布袋兰属。

生境：云杉林下或其他针叶林下。

花期：4~6 月。

易危种。地生草本。假鳞茎近椭圆形或近圆筒状，根状茎细长。叶 1 枚，卵形或卵状椭圆形，基部近平截；叶柄长 2~3 厘米。花葶长达 12 厘米，中下部有 2~3 个筒状鞘。苞片膜质，披针形，下部圆筒状包花梗和子房，花梗和子房纤细；花单朵；萼片与花瓣相似，向后伸展，线状披针形；唇瓣扁囊状腹背扁，3 裂，侧裂片半圆形，近直立，中裂片前伸，铲状；囊前伸，有紫色斑纹，末端双角状；蕊柱两侧有宽翅，覆盖囊口。①②③④

dúsuànlán

独蒜兰

Pleione bulbocodioides (Franch.) Rolfe

科属：兰科，独蒜兰属。
生境：山区腐殖质丰富处。
花期：4~6 月。

半附生草本。假鳞茎卵形至卵状圆锥形，上端有明显的颈，顶端具 1 枚叶。叶在花期尚幼嫩，长成后狭椭圆状披针形或近倒披针形，纸质，先端通常渐尖，基部渐狭成柄。花葶直立，顶端具 1~2 朵花；花粉红色至淡紫色，唇瓣上有深色斑；中萼片近倒披针形，先端急尖或钝；侧萼片稍斜歪，狭椭圆形或长圆状倒披针形，与中萼片等长，常略宽；花瓣倒披针形，稍斜歪；唇瓣轮廓为倒卵形或宽倒卵形，不明显 3 裂，通常具 4~5 条褶片。①②③④

hàngzishāo

杭子梢 笐子梢，萙子梢

Campylotropis macrocarpa (Bunge) Rehder

科属：豆科，杭子梢属。

生境：山坡、灌丛、林地、沟边等处。

花期：6~10 月。

小灌木。高达 2 米。3 枚小叶，顶生小叶椭圆形或卵形，长 3~6.5 厘米，宽 1.5~4 厘米，顶端圆或微凹，有短尖，基部圆形，表面无毛，脉纹明显，背面有淡黄色柔毛，侧生小叶较小。总状花序腋生；花梗细，长可达 1 厘米，有关节和绢毛；花萼阔钟状，萼齿 4 枚，中间 2 枚萼齿三角形；花冠紫色。荚果斜椭圆形，长约 1.2 厘米，脉纹明显。①②③④

chēngliǔ

柽柳

红筋条，红荆条

Tamarix chinensis Lour.

科属：柽柳科，柽柳属。

生境：平原，海滨、潮湿盐碱地和沙荒地。

花期：4~9 月。

小乔木或灌木。幼枝稠密纤细，常开展而下垂，红紫色或暗紫红色，有光泽。叶鲜绿色，钻形或卵状披针形，背面有龙骨状突起，先端内弯。每年开花 2~3 次；春季总状花序侧生于去年生小枝，下垂；夏秋总状花序生于当年生枝顶端，组成顶生长圆形或窄三角形。花梗纤细；花瓣卵状椭圆形或椭圆形裂片再裂成 10 裂片状，紫红色，肉质；雄蕊 5 枚，花丝着生于花盘裂片间；花柱 3 个，棍棒状。蒴果圆锥形。①②③④

dàguǒliúlícǎo

大果琉璃草

Cynoglossum divaricatum Steph. ex Lehm.

科属：紫草科，琉璃草属。
生境：干山坡、草地、沙丘、石滩及路边。
花期：6~8 月。

多年生草本。茎直立，稍具棱，上部分枝，枝开展，被糙伏毛。基生叶长圆状披针形或披针形，先端渐尖，基部渐窄；茎生叶线状披针形，无柄或具短柄。聚伞圆锥花序疏散。花萼裂片卵形或卵状披针形；花冠蓝紫色，冠檐径 4~5 毫米，裂至 1/3 处，裂片宽卵形，先端微凹，喉部附属物短梯形；雄蕊生于花冠筒中部以上。①②③

相近种　**琉璃草** ***Cynoglossum furcatum*** Wall. 花序顶生及腋生，分枝钝角叉状分开，花萼果期稍增大，花冠蓝色，漏斗状④。

hùyèzuìyúcǎo

白积梢，泽当醉鱼草 # 互叶醉鱼草

Buddleja alternifolia Maxim.

科属：马钱科，醉鱼草属。
生境：干旱山地或河滩边灌丛。
花期：5~7 月。

1

2

3

4

灌木。高达 4 米。叶在长枝互生，在短枝簇生。长枝叶披针形或线状披针形，全缘或具波状齿，具短柄；短枝或花枝叶椭圆形或倒卵形，全缘兼具波状齿。花多朵组成簇生状或圆锥状聚伞花序，花序梗短，基部常具少数小叶。花梗长 3 毫米；花芳香，花萼钟状，裂片长 0.5~1.7 毫米；花冠紫蓝色，花冠筒状，裂片长 1.2~3 毫米；雄蕊着生花冠筒内壁中部；柱头卵形。蒴果椭圆形。种子多粒，边缘具短翅。①②③④

liǔlán

柳兰

Chamerion angustifolium (L.) Holub

科属：柳叶菜科，柳兰属。
生境：山区半开旷或开旷较湿润处。
花期：6~9 月。

多年生丛生草本。叶螺旋状互生，中上部的叶线状披针形或窄披针形，基部钝圆，无柄。花序总状；下部苞片叶状。花萼片紫红色，长圆状披针形；花瓣粉红色或紫红色，稀白色，稍不等大，上面 2 枚较长大，倒卵形或窄倒卵形，全缘或先端具浅凹缺；花药长圆形；花柱在开放时强烈反折，花后直立，柱头 4 深裂。①②③

相近种 **柳叶菜** ***Epilobium hirsutum*** L. 叶交互对生，花辐射对称，存在花管，雄蕊排成不等长两轮④。

mìhuāxiāngrú

臭香茹，野紫苏 密花香薷

Elsholtzia densa Benth.

科属：唇形科，香薷属。
生境：林缘、草甸、河边及山坡荒地。
花期：7~10 月。

草本。基部多分枝。叶披针形或长圆状披针形，基部宽楔形或圆形，基部以上具锯齿。穗状花序；苞片卵圆形。花萼钟形，萼齿近三角形，后 3 枚齿稍长，果萼近圆形，齿反折；花冠淡紫色，密被紫色念珠状长柔毛，冠筒漏斗形，上唇先端微缺，下唇中裂片较侧裂片短。小坚果暗褐色，卵圆形，顶端被疣点。①②③

相近种　香薷 ***Elsholtzia ciliata*** (Thunb.) Hyl. 萼齿三角形，前 2 齿较长，先端针状；花冠淡紫色，上唇先端微缺，下唇中裂片半圆形，侧裂片弧形④。

wāitóucài

歪头菜 豆苗菜，偏头草

Vicia unijuga A. Br.

科属：豆科，野豌豆属。

生境：山地、林缘、草地、沟边及灌丛。

花期：6~7 月。

多年生草本。茎常丛生，具棱。叶轴顶端具细刺尖，偶见卷须；托叶戟形或近披针形，边缘有不规则齿；小叶 1 对，卵状披针形或近菱形，先端尾状渐尖，基部楔形，边缘具小齿状。总状花序单一，稀有分枝呈复总状花序，明显长于叶，有 8~20 朵密集的花。花萼紫色，斜钟状或钟状，萼齿长为萼筒的 1/5；花冠蓝紫色、紫红色或淡蓝色，旗瓣中部两侧缢缩呈倒提琴形，龙骨瓣短于翼瓣；子房具子房柄，花柱上部四周被毛。荚果扁，长圆形，棕黄色，近革质。①②③④

yěhúmá

野胡麻

Dodartia orientalis L.

科属：玄参科，野胡麻属。
生境：多沙的山坡及田野。
花期：5~7 月。

多年生直立草本。根粗壮，带肉质，须根。茎单一或束生，近基部被棕黄色鳞片，茎基部至顶端多分枝；细瘦，具棱角，扫帚状。叶少，茎下部叶对生或近对生，上部叶互生，无柄，线形或鳞片状，全缘或有疏齿。总状花序顶生，花 3~7 朵，稀疏。花萼钟状，宿存，萼齿 5 枚，宽角形；花冠唇形，紫色或深紫红色，花冠筒较唇长，上唇短而直，2 浅裂，下唇较上唇长而宽，3 裂，中裂片舌状；雄蕊 4 枚，2 强，花药紫色；子房 2 室。蒴果近圆形。①②③④

yìngjiānshénxiāngcǎo

硬尖神香草

Hyssopus cuspidatus Boriss.

科属：唇形科，神香草属。

生境：砾石及石质山坡干旱草地上。

花期：7~8 月。

亚灌木。茎褐色，扭曲，基部多数分枝，无毛或近无毛。叶线形，具长约 2 毫米锥状尖头，基部渐窄；无柄。轮伞花序具 10 朵花，偏向一侧，组成穗状花序；苞片及小苞片线形，先端锥尖长 2~3 毫米。花萼管形，喉部稍增大，疏被黄色腺点，脉及萼齿被微柔毛，萼齿三角状披针形，先端锥尖；花冠紫色或白色，上唇直伸，裂片尖，下唇中裂片倒心形，先端微缺，侧裂片宽卵形。小坚果褐色，长圆状三棱形，被腺点，基部具白痕。①②③④

báihóuwūtóu

白喉乌头

Aconitum leucostomum Vorosch.

科属：毛茛科，乌头属。
生境：山地草坡或山谷沟边。
花期：7~8 月。

多年生草本。茎高约 1 米。基生叶约 1 枚，与茎下部叶具长柄；叶片形状与高乌头极为相似。总状花序有多数密集的花；萼片淡蓝紫色，下部带白色，上萼片圆筒形，外缘在中部缢缩，然后向外下方斜展；花瓣的距比唇长，稍拳卷；花丝全缘；心皮 3 枚。①②

相近种　**高乌头** ***Aconitum sinomontanum*** Nakai 萼片蓝紫色或淡紫色，花瓣唇舌形，向后拳卷③。**露蕊乌头** ***Aconitum gymnandrum*** Maxim. 一年生草本；总状花序有 6~16 朵花，萼片有较长爪，距短，头状④。

fúmáotiěbàngchuí

伏毛铁棒锤 断肠草，两头尖

Aconitum flavum Hand.-Mazz.

科属：毛茛科，乌头属。

生境：山地草坡或疏林下。

花期：8月。

多年生草本。块根胡萝卜形。茎密生多数叶，通常不分枝。茎下部叶在开花时枯萎，中部叶有短柄；叶片宽卵形，基部浅心形，3 全裂，全裂片细裂。顶生总状花序窄长，有 12~25 朵花；萼片黄色带绿色，或暗紫色，上萼片盔状船形，具短爪，下缘斜升，上部向下弧状弯曲，外缘斜，下萼片斜长圆状卵形；唇长约为瓣片一半，距向后弯曲；心皮 5 枚。①②③

相近种　**铁棒锤** ***Aconitum pendulum*** N. Busch 顶生总状花序，萼片黄色，常带绿色，有时蓝色④。

sōngpānwūtóu

草乌，蔓乌药 松潘乌头

Aconitum sungpanense Hand.-Mazz.

科属：毛茛科，乌头属。

生境：山地林中或林边或灌丛中。

花期：8~9月。

1

2

3

4

多年生草本。块根长圆形。茎缠绕，分枝。茎中部叶有柄；叶片草质，五角形，3全裂，中裂片卵状菱形，下部3裂；叶柄短于叶片，无鞘。总状花序有5~9朵花；下部苞片3裂，其他苞片线形；花梗弧状弯曲，常排列于花序一侧；小苞片生花梗中部至上部，线状钻形；萼片淡蓝紫色，有时带黄绿色，上萼片高盔形，下缘微凹，外缘近直或中部稍缢缩，与下缘形成短喙，喙直，向斜下方伸展；花瓣唇微凹，距向后弯曲；花丝全缘；心皮通常5枚。①②③④

dàyèbǔxuècǎo

大叶补血草 拜赫曼，克迷克

Limonium gmelinii (Willd.) Kuntze

科属：白花丹科，补血草属。

生境：盐渍化的荒地及盐土上。

花期：7~9 月。

易危种。多年生草本。茎基单头或 2~3 头，密被残存叶柄基部。叶基生，花时不落，具叶柄；叶长圆状倒卵形、长椭圆形或卵形，先端钝圆，下部渐窄。花茎单生，三至四回分枝，小枝细直；无不育枝，稀单个位于分叉处。花序伞房状或圆锥状，穗状花序具 2~7 个小穗，小穗具 1~3 朵花。萼倒圆锥形，萼檐淡紫色或白色；花冠蓝紫色。①②③

相近种　**细枝补血草** ***Limonium tenellum*** (Turcz.) Kuntze 花茎多个，出自不同叶丛；花冠淡紫色④。

huángqín

香水水草 **黄芩**

Scutellaria baicalensis Georgi

科属：唇形科，黄芩属。

生境：向阳草坡地、休荒地上。

花期：7~8 月。

多年生草本。茎分枝。根茎肉质，分枝。叶披针形或线状披针形，先端钝，基部圆，全缘。总状花序长 7~15 厘米；下部苞叶叶状，上部卵状披针形或披针形。花萼长 4 毫米，盾片高 1.5 毫米；花冠紫红色或蓝色，密被腺柔毛，冠筒近基部膝曲，下唇中裂片三角状卵形。小坚果黑褐色，卵圆形，被瘤点，腹面近基部具脐状突起。①②③

相近种 **甘肃黄芩** ***Scutellaria rehderiana*** Diels 叶下面无凹腺点。花冠粉红色、淡紫色至紫蓝色④。

yuǎnzhì

远志 红籽细草，神砂草

Polygala tenuifolia Willd.

科属：远志科，远志属。

生境：草原、草地、灌丛以及林下。

花期：5~9月。

多年生草本。高达50厘米。叶纸质，线形或线状披针形，先端渐尖，基部楔形；近无柄。扁侧状顶生总状花序，少花。小苞片早落；萼片5枚，宿存，外3枚线状披针形，里面2枚花瓣状，带紫堇色；花瓣紫色，基部合生，侧瓣斜长圆形，基部内侧被柔毛，龙骨瓣稍长，具流苏状附属物；花丝3/4以下合生成鞘，3/4以上中间2枚分离，两侧各3枚合生。蒴果圆形，顶端微凹，具狭翅。①②③④

bǎilǐxiāng

地椒叶，地角花 **百里香**

Thymus mongolicus (Ronniger) Ronniger

科属：唇形科，百里香属。
生境：多石山地、斜坡、山谷、杂草丛中。
花期：7~8 月。

半灌木。茎多数，匍匐至上升，营养枝被短柔毛；花枝长达 10 厘米，上部密被倒向或稍平展柔毛，下部毛稀疏，具 2~4 对叶。叶卵形，先端钝或稍尖，基部楔形，全缘或疏生细齿，被腺点。花序头状；花萼管状钟形或窄钟形，上唇齿长不及唇片 1/3，三角形，下唇较上唇长或近等长；花冠紫红色、紫色或粉红色，冠筒长 4~5 毫米，向上稍增大。小坚果近圆形或卵圆形，稍扁。①②③④

bǎogàicǎo

宝盖草 接骨草，珍珠莲

Lamium amplexicaule L.

科属：唇形科，野芝麻属。

生境：路旁、林缘、沼泽草地。

花期：3~5 月。

一年生或二年生草本。茎基部多分枝。叶圆形或肾形，先端圆，基部平截或平截宽楔形，半抱茎，具深圆齿或近掌状分裂；上部叶无柄，下部叶具长柄。轮伞花序具6~10朵花；苞片具缘毛。花萼管状钟形，密被长柔毛，萼齿披针状钻形；花冠紫红色或粉红色，冠筒喉部径约3毫米，上唇长圆形，下唇稍长，中裂片倒心形，具 2 枚小裂片。小坚果淡灰黄色，倒卵圆形，具 3 条棱，被白色小瘤。①②③④

mĕnggŭjiŭ

蒙古韭

Allium mongolicum Regel

科属：百合科，葱属。
生境：荒漠、沙地或干旱山坡。
花期：7~9 月。

多年生草本。鳞茎密集丛生，圆柱状。叶半圆柱状或圆柱状，短于花葶。花葶圆柱状，下部被叶鞘；总苞单侧开裂，宿存；伞形花序半球状或球状，多花密集。花梗近等长；花淡红色、淡紫色或紫红色；花被片卵状长圆形，先端钝圆，内轮常稍长；花丝近等长，基部合生并与花被片贴生，内轮下部约 1/2 卵形，外轮锥形；花柱伸出花被。①②

相近种　**青甘韭** ***Allium przewalskianum*** Regel 伞形花序淡红色或深紫色③。**天蓝韭** ***Allium cyaneum*** Regel 伞形花序近帚状，花疏散，天蓝色④。

yìmǔcǎo

益母草 九重楼，益母夏枯

Leonurus japonicus Houtt.

科属：唇形科，益母草属。

生境：多种生境。

花期：6~9 月。

一年生或二年生草本。叶轮廓变化很大，茎中下部叶轮廓为卵形，基部宽楔形，掌状 3 裂，裂片上再分裂；茎上部花序上的苞叶全缘或具稀少牙齿。轮伞花序腋生，具 8~15 朵花，轮廓为圆球形。花萼管状钟形，齿 5 枚。花冠粉红色至淡紫红色，冠檐二唇形，下唇略短于上唇，3 裂。雄蕊 4 枚，均延伸至上唇片之下，平行，前对较长。①②③

相近种　**细叶益母草** ***Leonurus sibiricus*** L. 叶分裂成的小裂片通常较小，线形；花冠较大④。

biǎnlěi

扁蕾

Gentianopsis barbata (Froel.) Ma

科属：龙胆科，扁蕾属。
生境：沟边、草地、灌丛及沙丘边缘。
花期：7~9月。

一年生或二年生草本。茎单生，上部分枝，具棱。基生叶匙形或线状倒披针形，先端圆；茎生叶窄披针形或线形，先端渐尖。花单生茎枝顶端。花萼筒状，稍短于花冠，裂片边缘具白色膜质；花冠筒状漏斗形，冠筒黄白色，冠檐蓝色或淡蓝色，裂片椭圆形，先端圆；子房具柄，窄椭圆形，花柱短。蒴果具短柄，与花冠等长。①②③

相近种 **湿生扁蕾** ***Gentianopsis paludosa*** (Munro ex Hook. f.) Ma 花萼短于至近等长于冠筒，裂片2对，近等长；茎生叶较宽④。

wǔmàilǜrónghāo

五脉绿绒蒿 毛果七，野毛金莲

Meconopsis quintuplinervia Regel

科属：罂粟科，绿绒蒿属。

生境：阴坡灌丛中或高山草地。

花期：6~9 月。

多年生草本。叶全部基生，莲座状，叶片倒卵形至披针形。花葶 1~3 枝，被棕黄色、具分枝且反折的硬毛，上部毛较密。花单生于基生花葶上，下垂。花瓣 4~6 枚，倒卵形或近圆形，淡蓝色或紫色。蒴果椭圆形或长圆状椭圆形。种子狭卵形，黑褐色。①②③

相近种 **多刺绿绒蒿** ***Meconopsis horridula*** Hook. f. & Thomson 花葶 5~12 枝，绿色或蓝灰色，花稍下垂。花瓣 5~8 枚，宽倒卵形，蓝紫色④。

èryèzhāngyácài

乌金草 **二叶獐牙菜**

Swertia bifolia Batalin

科属：龙胆科，獐牙菜属。
生境：草甸及林下。
花期：7~9月。

多年生草本。基生叶1~2对，长圆形或卵状长圆形，基部楔形，渐窄成柄；茎中部无叶；最上部叶2~3对，卵形或卵状三角形，无柄。聚伞花序具2~8朵花。花5数；花萼有时带蓝色，裂片披针形或卵形；先端渐尖；花冠蓝色或深蓝色，裂片椭圆状披针形或窄椭圆形，基部具2个腺窝，腺窝基部囊状；花丝线形，花药蓝色，窄长圆形。①②③

相近种　祁连獐牙菜 *Swertia przewalskii* Pissjauk. 花冠黄绿色，背面中央蓝色，老时呈褐色④。

guǎnhuāqínjiāo

管花秦艽 管花龙胆

Gentiana siphonantha Maxim. ex Kusn.

科属：龙胆科，龙胆属。
生境：干草原、草甸、灌丛及河滩等地。
花期：7~9 月。

近危种。多年生草本。枝少数丛生。莲座丛叶线形，稀宽线形，具长柄；茎生叶与莲座丛叶相似。花簇生枝顶及叶腋呈头状。花无梗；萼筒带紫红色，萼齿不整齐，丝状或钻形；花冠深蓝色，筒状钟形，裂片长圆形，褶窄三角形，全缘或 2 裂。①②

相近种　**秦艽** ***Gentiana macrophylla*** Pall. 花簇生枝顶或轮状腋生。花无梗，花冠筒黄绿色，冠檐蓝色或蓝紫色③。**达乌里秦艽** ***Gentiana dahurica*** Fisch. 聚伞花序顶生或腋生，花序梗及花梗长；花冠深蓝色，有时喉部具黄色斑点④。

hēibiānjiǎlóngdǎn

黑边假龙胆

Gentianella azurea (Bunge) Holub

科属：龙胆科，假龙胆属。

生境：草地、林下、灌丛及高山草甸。

花期：7~9 月。

一年生草本。茎直伸，基部或下部分枝，枝开展。基生叶早落；茎生叶长圆形、椭圆形或长圆状披针形，先端钝，边缘微粗糙，无柄。聚伞花序顶生及腋生，稀单花顶生；花梗长达 4.5 厘米；花 5 数，花萼绿色，深裂，萼筒裂片卵状长圆形、椭圆形或线状披针形，边缘及背面中脉黑色，裂片间弯缺窄长；花冠蓝色或淡蓝色，漏斗形，裂片长圆形，先端钝；子房无柄，披针形。蒴果无柄，顶端稍外露。种子长圆形，褐色，具细网纹。①②③④

hóumáohuā

喉毛花 喉花草

Comastoma pulmonarium (Turcz.) Toyok.

科属：龙胆科，喉花草属。

生境：河滩、草地、林下、灌丛及草甸。

花期：7~11 月。

一年生草本。茎直立，分枝。基生叶少数，长圆形或长圆状匙形；茎生叶卵状披针形，茎上部及分枝叶小，半抱茎。聚伞花序或单花顶生。花5数；花萼开展，长约为花冠 1/4，裂片卵状三角形至窄椭圆形，先端尖；花冠淡蓝色，具深蓝色脉纹，筒形或宽筒形，浅裂，裂片直伸，喉部具一圈白色副冠，副冠 5 束。①②③

相近种 **镰萼喉毛花** ***Comastoma falcatum*** (Turcz. ex Kar. & Kir.) Toyok. 花冠高脚杯状，喉部膨大，裂片开张或近于平展④。

huálìlóngdǎn

华丽龙胆

Gentiana sino-ornata Balf. f.

科属：龙胆科，龙胆属。
生境：山坡草地。
花期：5~7 月。

多年生草本。根略肉质，须状。花枝多数丛生，铺散，斜升，黄绿色，光滑。叶先端急尖；茎生叶多对生，密集，内弯，在叶腋有极不发育的小枝。花单生枝顶，基部包围于上部叶丛中；无花梗；花萼长为花冠的1/2~3/5；花冠淡蓝色，具黄绿色条纹，无斑点，狭倒锥形，裂片卵形，先端钝，全缘，褶整齐，宽卵形。①②③

相近种　**线叶龙胆** ***Gentiana lawrencei*** var. ***farreri*** (Balf. f.) T.N. Ho 萼筒紫色或黄绿色；花冠上部亮蓝色，下部黄绿色，具蓝色条纹④。

huārěn

花荵 电灯花，穴菜

***Polemonium caeruleum* L.**

科属：花荵科，花荵属。

生境：草甸或草丛、疏林下或溪流附近。

花期：6~8月。

多年生草本。奇数羽状复叶，小叶15~21枚，小叶无柄，叶片披针形或狭披针形，先端渐尖，基部近圆形，全缘。聚伞圆锥花序顶生，具多花；花梗纤细；花萼筒形，裂片三角形；花冠宽钟形，蓝色，裂片圆形，长为花冠筒的2倍；雄蕊着生于花冠筒上部，伸出；花柱1个，柱头3裂，远伸出花冠之外。①②③

相近种　**中华花荵 *Polemonium chinense*** (Brand) Brand 圆锥花序疏散，花通常较小④。

jiǎshuǐshēnglóngdǎn

假水生龙胆

Gentiana pseudoaquatica Kusn.

科属：龙胆科，龙胆属。
生境：水边、草地、林地及山谷潮湿地。
花期：4~8 月。

一年生草本。茎直立或斜升。基生叶大，在花期枯萎，宿存；茎生叶疏离或密集，覆瓦状排列，倒卵形或匙形，叶柄边缘具乳突，背面光滑，连合成筒。花单生于小枝顶端；花萼筒状漏斗形，裂片三角形，边缘膜质；花冠深蓝色，外面常具黄绿色宽条纹，漏斗形，褶卵形，先端钝，全缘或边缘啮蚀形；子房狭椭圆形。①②③

相近种　**阿坝龙胆** ***Gentiana abaensis*** T. N. Ho 花多数，单生于小枝顶端；花梗紫红色，花萼漏斗形，花冠紫红色，喉部具黑紫色斑点④。

lèizhùhuā

肋柱花 加地侧蕊

Lomatogonium carinthiacum

(Wulfen) Rchb.

科属：龙胆科，肋柱花属。

生境：草地、灌丛及草甸等处。

花期：8~10 月。

一年生草本。茎下部多分枝。基生叶早落，莲座状，叶匙形，基部窄缩成短柄；茎生叶披针形、椭圆形或卵状椭圆形，先端钝或尖，基部楔形，无柄。聚伞花序或花生枝顶。花 5 数；萼筒长不及 1 毫米，裂片卵状披针形或椭圆形，边缘微粗糙；花冠蓝色，裂片椭圆形或卵状椭圆形，先端尖，基部两侧各具 1 个管形腺窝，下部浅囊状，上部具裂片状流苏；花药蓝色，长圆形。蒴果圆柱形，与花冠等长或稍长，无柄。①②③④

pāoshāshēn

灯笼花，奶腥菜花 **泡沙参**

Adenophora potaninii Korsh.

科属：桔梗科，沙参属。
生境：阳坡草地，少生于灌丛或林下。
花期：7~10 月。

多年生草本。茎高达 1 米，不分枝，常单枝发自一条茎基上。茎生叶卵状椭圆形或长圆形，每边具 2 至数枚粗齿，无柄，稀下部叶有短柄。花序基部常分枝，组成圆锥花序，有时仅数朵花集成假总状花序。花梗短；萼筒倒卵状，裂片窄三角状钻形；花冠钟状，紫色或蓝色，稀白色，裂片卵状三角形；花盘筒状；花柱与花冠近等长或稍伸出。①②③

相近种　**长柱沙参** ***Adenophora stenanthina*** (Ledeb.) Kitag. 花冠细，近筒状，5 浅裂，蓝色或紫色；花柱伸出花冠④。

xīnjiāngdǎngshēn

新疆党参

Codonopsis clematidea (Schrenk) C. B. Clarke

科属：桔梗科，党参属。

生境：山地林中，河谷及山溪附近。

花期：7~10 月。

多年生草本。根常肥大呈纺锤状圆柱形而较少分枝。茎一至数枝，基部有较多而上部有较少分枝。主茎上的叶小而互生，分枝上的叶对生，叶卵形至披针形，具长柄。花单生于茎及分枝顶端；花梗长；花萼贴生至子房中部，萼筒半球状；裂片卵形、椭圆形或卵状披针形，全缘，蓝灰色；花冠宽钟状，淡蓝色而具深蓝色花脉，内部常有紫斑。①②③

相近种　**党参** ***Codonopsis pilosula*** (Franch.) Nannf. 花冠黄绿色，内面有明显紫斑④。

yàmá

亚麻

山西胡麻，鸦麻

Linum usitatissimum L.

科属：亚麻科，亚麻属。
生境：广泛栽培。
花期：6~8月。

①

②

③

④

一年生草本。茎直立，多在上部分枝。叶互生；叶片线形、线状披针形或披针形，先端锐尖，基部渐狭，无柄，内卷。花单生于枝顶或枝的上部叶腋，组成疏散的聚伞花序；花梗直立；萼片5枚，卵形或卵状披针形，先端凸尖或长尖；花瓣5枚，倒卵形，蓝色或紫蓝色，稀白色或红色，先端啮蚀状。雄蕊5枚，花丝基部合生；退化雄蕊5枚，钻形。①②③

相近种　**宿根亚麻** ***Linum perenne*** L. 花多数，组成聚伞花序。花蓝色、蓝紫色、淡蓝色，较大④。

báihuāmǎlìn

白花马蔺

Iris lactea Pall.

科属：鸢尾科，鸢尾属。

生境：荒地、路旁、山坡草地。

花期：4~6 月。

多年生密丛草本。根状茎非块状，外包有不等长老叶残留叶鞘及毛发状的纤维。叶基生，坚韧，灰绿色，条形或狭剑形，基部鞘状，带红紫色。花茎光滑；苞片 3~5 枚，草质，绿色，边缘白色，披针形，内包含有 2~4 朵花；外部花被片浅紫色，或乳白色具紫色脉；内部裂片浅紫色；花药黄色，花丝白色。①②

相近种　**大苞鸢尾** ***Iris bungei*** Maxim. 苞片膨大，3 枚，宽卵形或卵形。花蓝紫色③。**细叶鸢尾** ***Iris tenuifolia*** Pall. 苞片披针形或狭披针形，花蓝紫色④。

chángbàntiěxiànlián

大瓣铁线莲 # 长瓣铁线莲

Clematis macropetala Ledeb.

科属：毛茛科，铁线莲属。
生境：荒山坡、草坡岩石缝中及林下。
花期：7 月。

1

2

3

4

木质藤本。枝具 4~6 条纵棱；芽鳞三角形。二回三出复叶与 1 朵花自老枝腋芽中生出；小叶纸质，窄卵形、披针形或卵形，先端渐尖，基部宽楔形或圆形，具锯齿，不裂或 2~3 裂；具长柄。花单生，直径 3~6 厘米。具长花梗；萼片 4 枚，蓝色或紫色，斜展，斜卵形，密被柔毛；退化雄蕊窄披针形，有时内层的线状匙形，与萼片近等长，雄蕊长 1~1.4 厘米，花丝被柔毛，花药窄长圆形或线形，顶端钝。瘦果倒卵圆形；宿存花柱羽毛状。①②③④

láncìtóu

蓝刺头

Echinops sphaerocephalus L.

科属：菊科，蓝刺头属。

生境：山坡林缘或渠边。

花期：8~9 月。

多年生草本。茎单生，上部分枝。基生叶和下部茎生叶宽披针形，羽状半裂；中部茎生叶与基生叶及下部茎生叶同形并等样分裂，向上叶渐小；叶纸质，上面密被糙毛，下面被灰白色蛛丝状绵毛，沿脉有长毛。复头状花序单生茎枝顶端，基毛长为总苞之半，白色；总苞片 14~18 枚。小花淡蓝色或白色。瘦果倒圆锥状，不遮盖冠毛。冠毛杯状，膜片线形，边缘糙毛状。①②③

相近种　**硬叶蓝刺头** ***Echinops ritro*** L. 小花蓝色，5 深裂，裂片线形④。

xiāngqīnglán

香青兰

蓝秋花，山薄荷

Dracocephalum moldavica L.

科属：唇形科，青兰属。
生境：干燥山地、山谷、河滩多石处。
花期：7~8 月。

一年生草本。茎数条，带紫色。基生叶草质，卵状三角形，基部心形，疏生圆齿，上部叶披针形或线状披针形，先端钝，基部圆形或宽楔形，具锯齿；叶柄与叶等长。轮伞花序具 4 朵花，疏散；苞片长圆形，具 2~3 对细齿。花梗平展；花萼脉带紫色，上唇 3 浅裂，下唇 2 深裂近基部；花冠淡蓝紫色；上唇舟状，下唇淡中裂片具深紫色斑点。①②③

相近种　**刺齿枝子花** ***Dracocephalum peregrinum*** L. 叶先端刺尖，基部楔形④。

suìhuā

穗花

Pseudolysimachion spicatum (L.) Opiz

科属：玄参科，穗花属。

生境：草原和针叶林带内。

花期：7~9 月。

多年生草本。茎单生或数支丛生，直立或上升，不分枝，茎常灰色或灰绿色。叶对生，茎基部叶常密集聚生，有长柄，叶片长矩圆形；中部的叶为椭圆形至披针形，顶端急尖，无柄或有较短的柄；上部的叶小得多，有时互生，全部叶边缘具圆齿或锯齿。花序长穗状；几无花梗；花冠紫色或蓝色，筒部占 1/3 长，裂片稍开展，后方 1 枚卵状披针形，其余 3 枚披针形；雄蕊略伸出。幼果球状矩圆形。①②③④

xūnyīcǎo

薰衣草

Lavandula angustifolia Mill.

科属：唇形科，薰衣草属。

生境：广泛栽培。

花期：6~7 月。

小灌木。被星状绒毛。茎皮条状剥落。花枝叶疏生，叶枝叶簇生，线形或披针状线形，花枝叶比叶枝叶大，先端钝，基部渐窄成短柄，全缘外卷。轮伞花序具 6~10 朵花，多数组成穗状花序，具长花序梗；苞片菱状卵形。花萼密被灰色星状绒毛；上唇全缘，下唇 4 齿相等；花冠蓝色，基部近无毛，喉部及冠檐被腺毛，内面具微柔毛环，上唇直伸，2 裂片圆形，稍重叠，下唇开展。小坚果 4 个。①②③④

dàhuājīngjiè

大花荆芥

Nepeta sibirica L.

科属：唇形科，荆芥属。

生境：山坡上。

花期：8~9 月。

多年生草本。叶三角状长圆形或三角状披针形，先端尖，基部浅心形，具细牙齿；茎下部叶具长柄，向上渐短。轮伞花序疏生茎上部；苞片线形。花梗极短；花萼上唇 3 枚齿披针状三角形，下唇 2 枚齿窄长，裂至基部；花冠蓝色或淡蓝色，冠筒近直伸，上唇二裂至中部，裂片椭圆形，下唇中裂片肾形，先端深弯缺，具圆齿，侧裂片卵形或卵状三角形。①②③

相近种　荆芥 *Nepeta cataria* L. 聚伞圆锥花序顶生，花萼管状，花冠白色④。

mĕnggŭyóu

蒙古莸

Caryopteris mongholica Bunge

科属：马鞭草科，莸属。

生境：干旱坡地、沙丘荒野及干旱碱质地。

花期：8~10月。

落叶小灌木。常自基部即分枝；嫩枝紫褐色，圆柱形。叶片厚纸质，线状披针形或线状长圆形，全缘，很少有稀齿，表面深绿色。聚伞花序腋生，无苞片和小苞片；花萼钟状，深5裂，裂片阔线形至线状披针形；花冠蓝紫色，5裂，下唇中裂片较长大，边缘流苏状；雄蕊4枚，几等长，与花柱均伸出花冠管外。①②③

相近种　三花莸 ***Caryopteris terniflora*** Maxim. 聚伞花序腋生。苞片锥形；花冠紫红色或淡红色④。

tuǒyuányèhuāmáo

椭圆叶花锚

Halenia elliptica D. Don

科属：龙胆科，花锚属。

生境：高山林地、草地、灌丛或水沟边。

花期：7~9 月。

一年生草本。茎直立，四棱形，上部具分枝。基生叶椭圆形或略呈圆形，基部渐狭呈宽楔形，全缘，具宽扁的长柄；茎生叶卵形至卵状披针形，先端圆钝或急尖，基部圆形或宽楔形，全缘。聚伞花序腋生和顶生；花梗长短不相等；花 4 数；花萼裂片椭圆形或卵形，常具小尖头；花冠蓝色或紫色，花冠筒裂片卵圆形或椭圆形，先端具小尖头，距向外水平开展；雄蕊内藏；花柱极短，柱头 2 裂。蒴果宽卵形，上部渐狭，淡褐色。①②③④

xīntǎhuā

新塔花

Ziziphora bungeana Juz.

科属：唇形科，新塔花属。

生境：砾石坡地、半荒漠草地及沙滩上。

花期：8~9月。

芳香亚灌木。茎多数，斜上升至近直立，分枝密被倒向短柔毛。叶窄披针形或卵状披针形，稀卵形，先端尖或稍钝，基部楔形或渐窄，全缘，两面被腺点，近无毛或被短柔毛；叶柄被短柔毛。轮伞花序密集成头状花序；苞叶小。花梗长1~3毫米；花萼管形；花冠淡红色，冠筒内外被短柔毛；冠檐二唇形，上唇直伸，顶端微凹，下唇开展，3裂，中裂片较狭长，顶端微缺，侧裂片圆形；可育雄蕊2枚，稍外伸；花柱先端2浅裂。①②③④

gàngliǔ

杠柳 北五加皮，羊角梢

Periploca sepium Bunge

科属：萝藦科，杠柳属。

生境：林缘、沟坡、沙质地。

花期：5~6 月。

落叶蔓性灌木。主根圆柱形，灰褐色，内皮淡黄色。茎灰褐色；小枝常对生，具纵纹及皮孔。叶膜质，披针状长圆形，先端渐尖，基部楔形，侧脉 20~25 对；叶柄长约 3 毫米。聚伞花序腋生，常成对。花梗长约 2 厘米；花萼裂片三角状卵形；花冠紫色，辐状，花冠筒裂片椭圆形，中间加厚呈纺锤状，反折；副花冠裂片无毛。①②③④

āoshézhǎnglièlán

台湾裂唇兰 # 凹舌掌裂兰

Dactylorhiza viridis

(L.) R. M. Bateman, Pridgeon & M. W. Chase

科属：兰科，掌裂兰属。

生境：山坡林下，灌丛下或山谷林缘湿地。

花期：5~8 月。

多年生草本。块茎肥厚，掌状分裂，2 枚对生或 1 枚单生。茎直立，无毛，基部具 2~3 片叶鞘。叶 2~4 枚，椭圆形，椭圆状披针形或披针形，先端钝、急尖或渐尖，基部渐成抱茎的叶鞘。总状花序长达 12 厘米，多花；苞片条形或条状披针形，长于花；花绿色或黄绿色；花瓣条状披针形，唇瓣下垂，肉质，倒披针形，顶端 3 齿裂，基部有囊状距，近基部中央有 1 条短褶片；雌蕊柱直立；子房扭转。果实直立，椭圆形。①②③④

hóngwénmǎxiānhāo

红纹马先蒿

Pedicularis striata Pall.

科属：玄参科，马先蒿属。
生境：高山草原中及疏林中。
花期：6~7 月。

多年生草本。高达 1 米。茎直立，密被短卷毛，老时近无毛。基生叶丛生，茎生叶多数，柄短，叶披针形，羽状深裂或全裂，裂片线形，有锯齿。花序穗状；苞片短于花。花萼被疏毛，萼齿 5 枚，不等，卵状三角形，近全缘；花冠黄色，具绛红色脉纹，上唇镰刀形，顶端下缘具 2 枚齿，下唇稍短于上唇，不甚张开，3 浅裂，中裂片较小，叠置于侧裂片之下；花丝 1 对，有毛。蒴果卵圆形，有短突尖。①②③④

huáběibáiqián

华北白前

Cynanchum mongolicum

(Maxim.) Hemsl.

科属：萝藦科，鹅绒藤属。

生境：沙漠及黄河岸边或荒山坡。

花期：5~8月。

直立半灌木。根须状。叶革质，对生，狭椭圆形，顶端渐尖或急尖，干后常呈粉红色，近无柄。伞形聚伞花序近顶部腋生，着花10余朵；花萼5深裂，裂片长圆状三角形；花冠紫红色或暗紫色，裂片长圆形；副花冠5深裂，裂片盾状，与花药等长；花粉块每室1个，下垂；子房坛状，柱头扁平。蓇葖单生，匕首形，向端部喙状渐尖；种子扁平；种毛白色绢质。①②③④

bàwáng

霸王

Zygophyllum xanthoxylon (Bunge) Maxim.

科属：蒺藜科，霸王属。

生境：沙砾质河流阶地、低丘和平原。

花期：4~5 月。

灌木。高达 1 米。枝弯曲呈“之”字形，开展，皮淡灰色，木质部黄色，顶端刺尖。叶柄长 0.8~2.5 厘米；小叶 1 对，长匙形、窄长圆形或条形，先端圆钝，基部渐窄，肉质。花生于老枝叶腋。萼片倒卵形，绿色；花瓣倒卵形或近圆形，具爪，淡黄色；雄蕊长于花瓣，鳞片倒披针形，先端浅裂，长约为花丝 2/5。蒴果近圆形，翅宽 5~9 毫米。种子肾形。①②③④

fěnlǜtiěxiànlián

粉绿铁线莲

Clematis glauca Willd.

科属：毛茛科，铁线莲属。
生境：山坡、路边灌丛中。
花期：6~8月。

草质藤本。茎纤细，有棱。一至二回羽状复叶；小叶 2~3 全裂或深裂、浅裂至不裂，中间裂片较大，基部圆形或圆楔形，全缘或有少数牙齿，两侧裂片短小。常为单聚伞花序，具 3 朵花；苞片叶状，全缘或 2~3 裂；萼片 4 枚，黄色，或外面基部带紫红色，长椭圆状卵形，顶端渐尖。①②③

相近种　**甘青铁线莲** ***Clematis tangutica*** (Maxim.) Korsh. 花单生枝顶，或腋生成花序。萼片 4 枚，黄色，有时带紫色，窄卵形或长圆形，顶端常骤尖④。

gǒujīnmàn

狗筋蔓 白牛膝，筋骨草

Silene baccifera (L.) Roth

科属：石竹科，蝇子草属。

生境：林缘、灌丛或草地。

花期：6~8 月。

多年生草本。根簇生，稍肉质。茎分枝，近攀缘。叶卵形至卵状披针形。花大，单生。花萼宽钟形，果期膨大成杯状，萼齿果时外卷；花瓣 5 枚，倒披针形，绿白色，爪窄长，瓣片 2 浅裂；雄蕊 10 枚，外轮 5 枚与爪微合生成短筒状，花柱 3 个，细长。蒴果圆形，浆果状，熟时干燥，黑色。种子多数，肾形。①②③④

tàibáibèimǔ

太白贝母

Fritillaria taipaiensis P. Y. Li

科属：百合科，贝母属。
生境：山坡草丛中或水边。
花期：5~6月。

濒危种。多年生草本。植株高达50厘米。茎生叶5~10枚，对生，中部兼有轮生或散生，线形或线状披针形，最下一对叶先端钝圆，余叶先端渐尖。花1~2朵，钟形，黄绿色具密集成片状的紫色斑点，花被片紫色，具黄褐色斑点；单花时叶状苞片通常与下面叶合生；外花被片窄长圆形或倒卵状长圆形，先端钝圆或钝尖，内花被片倒卵形至匙形，先端圆或具钝尖，蜜腺窝稍突出，蜜腺圆形或近圆形，紫色或深黄绿色，花被片在蜜腺处弯成钝角；花柱分裂。蒴果棱上具翅。①②③④

píjiǔhuā

啤酒花

Humulus lupulus L.

科属：大麻科，葎草属。

生境：栽培或自生。

花期：秋季。

多年生攀缘草本。茎、枝及叶柄密被绒毛及倒钩刺。叶卵形或宽卵形，先端尖，基部心形或近圆，不裂或3~5裂，具粗锯齿，上面密被小刺毛，下面疏被毛及黄色腺点，叶柄长不超过叶片。雄花成聚伞圆锥花序，花被片与雄蕊均5枚；雌花每两朵花生于一苞片腋间；苞片覆瓦状排列组成近圆形葇荑花序。果序球果状。瘦果扁平。①②③④

bāoyèxuělián

苞叶风毛菊 苞叶雪莲

Saussurea obvallata (DC.) Sch. Bip.

科属：菊科，风毛菊属。
生境：草地、溪边石隙处或流石滩。
花期：7~9月。

多年生草本。基生叶长椭圆形、长圆形或卵形，有细齿，具长柄；茎生叶与基生叶同形、等大，无柄；最上部叶苞叶状，长椭圆状或卵状长圆形，膜质，黄色，包被总花序。头状花序在茎端密集成圆形总花序；总苞半圆形，总苞片 4 层，边缘黑紫色。小花蓝紫色。瘦果长圆形；冠毛 2 层，淡褐色，外层糙毛状，内层羽毛状。①②③

相近种　**水母雪兔子** ***Saussurea medusa*** Maxim. 头状花序在茎端密集成半球形总花序；总苞窄圆柱状，小花蓝紫色④。

tiānfǔxiājǐlán

天府虾脊兰

Calanthe fargesii Finet

科属：兰科，虾脊兰属。

生境：山坡密林下阴湿处。

花期：7~8 月。

易危种。地生草本。假鳞茎短小，聚生，具 2 枚鞘和 4~5 枚叶；假茎长约 4 厘米。叶褶扇状窄长圆形；具叶柄。花葶远高于叶外，近中部具长鞘，花序长约为花葶 1/3，疏生多花。苞片宿存，窄披针形；花黄绿色带褐色；中萼片卵状披针形，侧萼片与中萼片等长较窄，稍歪斜；花瓣线形，先端尖，唇瓣基部与蕊柱翅合生，基部前方两侧缢缩分前后唇，前唇紫红色，菱形，边缘波状具啮齿，后唇近半圆形；距圆筒形，稍弯曲。①②③④

kǔdòuzi

苦豆子

Sophora alopecuroides L.

科属：豆科，槐属。

生境：干旱沙漠和草原边缘地带。

花期：5~6 月。

草本或亚灌木。芽外露。叶柄基部不膨大，小叶 15~27 枚，对生或近互生，披针状长圆形或椭圆状长圆形，先端钝圆，基部圆形或宽楔形，灰绿色；托叶小，钻形，宿存。总状花序顶生，花多数密集。萼斜钟状，萼齿短三角形，不等大；花冠白色或淡黄色，旗瓣长 1.5~2 厘米，瓣片长圆形，基部渐窄成爪，翼瓣与龙骨瓣近等长，稍短于旗瓣，雄蕊 10 枚，花丝多少连合，有时近二体。荚果串珠状。①②③④

niúbiǎn

牛扁 扁桃叶根

Aconitum barbatum* var. *puberulum Ledeb.

科属：毛茛科，乌头属。

生境：山地疏林下或较阴湿处。

花期：7~8 月。

多年生草本。叶分裂程度较小，中全裂片分裂不近中脉，末回小裂片三角形或狭披针形。顶生总状花序具密集的花；轴及花梗密被紧贴的短柔毛；下部苞片狭线形，中部苞片披针状钻形，上部苞片三角形；花梗直展；小苞片生花梗中部附近，狭三角形；萼片黄色，圆筒形；花瓣无毛，唇长约 2.5 毫米，距比唇稍短，直或稍向后弯曲；花丝全缘；心皮 3 枚。①②③④

中文名索引

拉丁名索引

图片摄影者

（图片摄影者及页码、图片编号）

朱强 4②③④,5③,7②③,8④,13②,14①③④,15②,19①②③④,21①②③④,22①②④,26③④,27④,29①②④,30④,31④,37②,38①②,39①②③④,40①③,41①,42①③,44①②③④,45①②④,46②③④,48①②③④,50②③④,51②,52①④,54②④,55②,56①②③,57①②③④,58①②③④,59①②③④,61①④,62①③④,66①②④,67②④,68①,69①②③④,71①②③④,72②③,73①②③,74①②,75②③④,77①②③,78②③④,79①②③④,81②,82①②③④,83③④,85①②③,87①②③,88①,89③,90②③,91①③,94①②③,96①,97②③④,98①④,99①③,101③④,102①②,105①②③④,106①②③,109①②③,110①③④,111①②③④,112①③④,113①③,114④,117③,118②,119②③,121①②③,123②③④,124①②③④,125①②,126①②③④,127②③④,128①②④,130①④,131①②③④,132①③④,133②③④,138①②③④,139④,142①,143①②③④,144②③④,145①③④,146①②③,147①②④,149①②③④,150③,151①,154②③,156②,158①③④,159①③④,161①③,163①②③④,164①,165②,167①②③④,170①②③④,171①②,172④,176③,179③,180②③,181①③,182①②③④,186①②③,187①②④,188①②,189①④,190①②③,192②④,193①②,194①③,195①③,200②,203③,205①,207①②③,208①②,209②,210①,211①③,213①②③,214①②③,215①②③,216①②③,218③④,219④,221①②,222②④,223③④,226②,229①②③④

刘冰 1①②③,2③,3①②③,5①②,7①,9②③,11①③,12②④,16②,18①②③,25②,28②,29③,30③,31①,35②③④,36②,38④,43②③,51①,52③,53①,55①,61②,62②,65①②③,66③,72①④,76①②③④,81③④,86②③④,94④,96②,98②③,102④,104①②③④,106④,108①②③④,110②,113②,114①,115③,116①②③,119④,125④,127①,129②④,134②,136①②③,139①,141④,144①,148①②③,151②,153①②③④,157①②,158②,159②,160③④,161②,162①②③,164④,165①③,169②③④,176①,178①②③,183①②③④,184①②③④,185①②,195②,198③,199①②③④,200④,204①,205④,206①②,208③,209③,210④,211④,212①,215④,216④,217①③,219①②③,220③,222①,223②,224③,227②

李敏 2①②,10①②③④,13①③,15③,20③④,23①③,25③,26①②,28①③,30①,32②③④,34①③④,45③,56④,63①②③④,67③,68②③,74③,75①,80①②③④,89①②④,95①,101①②,102③,118④,119①,122①,129①③,133①,135①③④,141①②③,145②,150④,151③,154④,156①③④,166②④,173①②③,175②④,177①②,179①,180①,187③,189③,191①,202①,203①,204②③④,209①④,212②③④,218①②,226①,230①②③④

陈又生 7④,8③,11④,12①③,16①,23②,27①③,32①,38③,64②,68①,84④,87④,88②③④,90①,91④,92①②③,99②④,107①②③,112②,115④,117④,118③,122②③,134①,139③,142②,148④,152①②,155④,161④,164③,168①③,174②③,176②④,179②,180④,181②,185③④,186④,191②,192①,193③④,196①④,197①,201①,202②,203②,205②③,224④,226③,227①③④

周繇 4①,6①②③,8①②,13④,24①③④,25①④,30②,31②③,35①,36①④,37①,40②,41③,51③④,52②,53②③,54①,55③④,67①,77④,85④,95②③,96④,109④,118①,142③④,146④,151④,152④,155①②,164②,173④,174①,189②,194④,202③,210②

刘军 1④,2④,3④,17①②③④,28④,42②④,64④,92④,107④,130②③,162④,166③,177③,192③,195④,197②③,207④,210③

冯虎元 60①②③④,70①④,197④,198①②,200①③,202④,203④,222③,223①

徐晔春 15④,64①③,73④,125③,152③,171③④,188③,196③,198④,225①②③④

李西贝阳 49①③④,61③,74④,128③,150①,172①②③,221③

石尚德 18④,50①,65④,78①,96③,116④,160①②,190④,220①

袁彩霞 11②,91②,137②,139②,140②③④,165④,220④,226④

宋鼎 20①②,22③,90④,95④,121④,135②,140①,196②

刘夙 14②,34②,40④,147③,150②,166①,194②,220②

罗毅波 49②,84②③,168②,228①②③④

王琦 43④,93①②④,100③,136④,206③,217②

刘化龙 47①②③④,100①②④

马林吴

致　谢

本手册能在短期内顺利出版，首先得益于本套丛书的各位合作者马欣堂、周繇、刘军、李晓东、金宁、宋鼎、朱强的通力合作，以及前期大量的野外工作和丰富的植物图片积累。感谢对本书编撰出版付出辛劳的中国科学院植物研究所数字植物项目组的同仁，宣晶对全书数据进行了规范化整理，赵明月负责在线编辑程序开发和数据输出，薛艳莉和郝丽华对全部图片进行前期处理和编辑。同时也要感谢河南科学技术出版社领导给予的特别支持，感谢杨秀芳编辑和她的同事们。

本书所有图片由中国植物图像库（www.plantphoto.cn）代理授权，感谢每一位摄影者的奉献。感谢中国在线植物志（www.eflora.cn）提供《中国植物志》《Flora of China》的植物分类及形态信息，感谢中国科学院植物研究所系统与进化植物学国家重点实验室及科技部基础条件平台标本资源项目对相关网站建设的支撑资助。

感谢我们所有家人的理解和支持，感谢所有朋友的关心和帮助，你们的支持和关爱是我们最大的精神支柱。

最后，特别感谢您——亲爱的读者，您对本书的阅读、使用和推介，是我们不断前行的动力。

李 敏 谨识

二〇一四年九月于北京香山